Matematica si parte!

T0131513

Yves Biollay, Amel Chaabouni,
Joachim Stubbe

Matematica si parte!

**Nozioni di base ed esercizi
per il primo anno di Ingegneria**

A cura di Alfio Quarteroni

 Springer

Yves Biollay
Amel Chaabouni
Joachim Stubbe
Section de Mathématiques
EPFL, Lausanne

Edizione italiana a cura di:
Alfio Quarteroni
MOX – Politecnico di Milano e
EPFL, Lausanne

Tradotto dall'originale in lingua francese:
Savoir-faire en Mathematiques pour bien commencer a L'EPFL,
Mai 2005, EPFL Lausanne

ISBN 978-88-470-0675-1 Springer Milan Berlin Heidelberg New York

Springer Verlag fa parte di Springer Science+Business Media

springer.com

© Springer-Verlag Italia, Milano 2007

Impianti: PTP-Berlin, Protago TEX-Production GmbH, Germany (www.ptp-berlin.eu)
Progetto grafico della copertina: Simona Colombo, Milano
Stampa: Grafiche Porpora, Segrate (Mi)

Springer-Verlag Italia srl
Via Decembrio 28
20137 Milano

Prefazione all'edizione italiana

Quella che stiamo vivendo è probabilmente una "età dell'oro" della matematica. In effetti, negli ultimi anni problemi rimasti aperti da sempre, come ad esempio l'ultimo teorema di Fermat, il teorema dei quattro colori o la congettura di Poincaré, sono stati risolti. La matematica è in pieno sviluppo e si assiste ormai sempre più spesso a nuove applicazioni nei campi più disparati.

Le leggi fondamentali della natura sono descritte da equazioni differenziali. I metodi e i concetti dell'analisi hanno in tal modo trovato applicazione in ogni sorta di problemi che l'ingegneria pone oggigiorno, come ad esempio in aerodinamica per la concezione e ottimizzazione di nuovi veicoli, nella modellistica del clima o nel trattamento dei segnali. La sicurezza delle reti di comunicazione moderne, tra le quali internet, è basata su concetti di teoria dei numeri e la modellistica delle reti di telefonia mobile fa uso di nozioni della teoria della probabilità e di analisi combinatoria. La progettazione e l'affinamento di dispositivi biomedici richiede strumenti di calcolo scientifico e analisi numerica. Lo sviluppo di terapie mediche per il trattamento del cancro trae beneficio dall'analisi statistica di dati biologici e dalla simulazione della crescita di neoplasie con modelli differenziali. Ed è infine evidente come la matematica finanziaria abbia trasformato sostanzialmente le operazioni sui titoli in borsa. I futuri operatori dei settori finanziari di punta avranno bisogno di una formazione matematica avanzata.

La conoscenza delle nozioni matematiche è certamente importante, ma la capacità di ragionare in maniera rigorosa prendendo parte attiva e creativa all'analisi di un problema è addirittura fondamentale. In effetti, non bisognerebbe considerare la matematica come un'accozzaglia di ricette da seguire passivamente; si tratta piuttosto di un vasto insieme di idee e strutture logiche che possono associarsi in vari modi, per risolvere in maniera critica problemi che si incontrano nella propria vita professionale.

L'Università è conscia delle aspettative che verranno riposte in voi. Il cambiamento di ritmo fra gli studi secondari e gli studi universitari è inevitabile. Le nozioni vengono introdotte più rapidamente e il tempo a disposizione per assimilarle è ridotto. Per avere successo nei vostri studi, è pertanto indispensabile eliminare sin da subito quelle lacune nella vostra preparazione che rischiano di mettervi di fronte a ostacoli insormontabili.

Lo scopo del presente manuale è di indicare quegli argomenti di matematica che risulteranno utili per cominciare bene i vostri studi e di proporre dei quesiti che sviluppino in voi quella predisposizione a ragionare che è essenziale nelle scienze esatte. Non si intende sostituire la vostra preparazione precedente, quanto piuttosto fornire un rapido riassunto delle cose importanti. Vengono qui presentati alcuni concetti di base dei corsi di Laurea di Ingegneria, che generalmente sono già stati affrontati prima dell'ingresso in università. Si è potuto constatare tuttavia che non tutti gli studenti manifestano una padronanza completa di questo insieme di nozioni fondamentali: per questo, il manuale fornisce un supporto utile a tutti, sotto forma sia di esercizi sia di nozioni teoriche.

Vogliamo sottolineare che questo *syllabus* non intende sostituire i libri utilizzati durante gli studi secondari. Non si tratta di un libro di testo, né di una raccolta di esercizi, né di un formulario, ma piuttosto di un manuale che il futuro studente potrà utilizzare scegliendo eventualmente i capitoli che più lo interessano, al fine di verificare la propria capacità a *risolvere* problemi quali i "Problemi di revisione", ricorrendo alle proprie abilità di ragionamento e alle proprie conoscenze.

I capitoli dal 1° al 9° sono strutturati in tre parti:

(1) enunciati degli esercizi, nell'ordine di presentazione degli argomenti;

(2) elementi di teoria, relativa agli esercizi proposti;

(3) soluzioni degli esercizi, con diverso livello di dettaglio.

Se, dopo alcuni tentativi, lo studente si rendesse conto di eventuali lacune che dovessero bloccarlo nella soluzione dei problemi, gli "Elementi di teoria" di questo *syllabus* forniranno l'approccio e i metodi da seguire o semplicemente rinfrescheranno la memoria. È importante che lo studente sappia riconoscere le lacune che dovessero presentarsi e colmarle prima di cominciare i suoi studi universitari, in modo da assicurarsi che il suo primo anno inizi su basi solide. In tal senso, è più importante sviluppare un insieme di conoscenze generali diversificate piuttosto che memorizzare il maggior numero possibile di soluzioni presentate in questo volume.

Ad eccezione del capitolo 5 (trigonometria) e dei paragrafi 4.1 e 4.2 (geometria del piano e dello spazio), il contenuto dei quali è ritenuto già acquisito, le nozioni presentate nei vari capitoli saranno riprese, approfondite e generalizzate nel corso di analisi del primo semestre e nel corso di algebra lineare e geometria analitica per quanto riguarda il capitolo 9. Tuttavia, tenendo conto della limitata disponibilità di tempo che si ha in un semestre, la trattazione seguirà un ritmo piuttosto sostenuto.

Lo studente deve essere consapevole che lo attendono studi impegnativi e che è opportuno essere perseveranti e metodici nel proprio lavoro; questo atteggiamento lo aiuterà a superare con successo il primo anno di studi, anche nel caso in cui alcune lacune fossero presenti al momento dell'iscrizione.

Il presente manuale ha come obiettivo quello di aiutare lo studente ad assimilare il programma e permettergli di seguire i corsi con sicurezza e serenità.

Vorrei ringraziare i miei colleghi Anthony Davison e Jacques Thévénaz dell'EPFL per aver reso possibile questa realizzazione, Carlo D'Angelo dell'EPFL per il preziosissimo lavoro di editing, Francesca Bonadei di Springer-Italia per il suo determinante aiuto e sostegno e, naturalmente, gli autori del testo originale.

Milano, giugno 2007   Alfio Quarteroni

Indice

Problemi di revisione

Argomenti trattati

Enunciati dei problemi

Problema 1. Dimostrare che per ogni naturale $n > 1$ il numero $N_n = n^5 - n$ è divisibile per 5.

Problema 2. Si consideri il rettangolo $ABCD$, avente il lato AB più piccolo del lato BC, un'area di 48 cm^2, ed inscritto in un cerchio di raggio 5 cm. Sia il punto E appartenente a CD e a x cm da C ($x > 0$), e sia il punto F appartenente a CB e a px cm da C ($p > 0$). Determinare i valori di p per i quali è possibile costruire un triangolo isoscele AEF di base EF.

Problema 3. Calcolare l'area A della regione di piano compresa fra il grafico della funzione

$$g(x) = \frac{7 - 2e^x - 3e^{-x}}{e^{-x} - 2},$$

l'asse Ox e le rette $x = \ln 2$ e $x = 3 \ln 2$.

Problema 4. Siano Γ la semicirconferenza di raggio 1 centrata nell'origine, A un punto di Γ di ascissa $a > 0$, D il suo simmetrico rispetto all'asse Oy, E e F rispettivamente le proiezioni di D ed A sull'asse Ox, C la proiezione di A sull'asse Oy e B l'intersezione dell'asse Oy con l'arco AD di Γ (si veda la fig. 1). Determinare per quale valore di a l'area $ABCDEFA$ è massima.

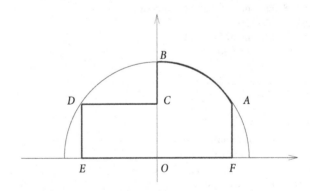

Figura 1

Problema 5. Si risolvano i punti seguenti.

a) Provare che $\dfrac{(x+1)^3}{7x^2 - 5x + 1} \geq 1$ per $x \geq 0$ e dedurre che
$f(x) = \dfrac{x^3 - 4x^2 + 8x + 10}{x^2 + 1}$ è positiva per $x \geq 0$.

b) Calcolare l'area A della regione compresa fra il grafico di f, il suo asintoto obliquo e le rette $x + y + 2 = 0, x = 0$ e $x = 6$.

Problema 6. Si consideri il triangolo ABC tale che $AB = 4, \widehat{CAB} = \alpha$ e $\widehat{ACB} = 2\alpha$. Si trovi il valore di $\alpha > 0$ per il quale l'area $S(\alpha)$ del triangolo ABC è massima.

Problema 7. Per quale valore di m la retta δ di equazione $y = 2mx$ risulta tangente alla circonferenza γ di raggio 2 centrata nel punto Ω di coordinate $(m, 0)$?

Problema 8. Si considerino i segmenti $d_1 = P_1(0, 1)Q(2, 1)$ e $d_2 = P_2(2, 0)Q(2, 1)$, e siano γ_i i cerchi di centro $\Omega_i \in d_i$ e di raggio r_i, passanti per $P_i, i = 1, 2$. Se i due cerchi sono esternamente tangenti fra loro, quale equazione deve soddisfare r_1 affinché la somma delle aree dei dischi di bordo γ_i sia minima?

Problema 9. Trovare i numeri reali a, b e c tali che la funzione

$$f(x) = \dfrac{ax^3 + bx^2 - 2x + 3}{x^2 + cx + 2}$$

ammetta come asintoti le rette $x = 2$ e $y = 2x + 3$.

Problema 10. Trovare altezza e raggio del cilindro di volume massimo fra quelli aventi una superficie di area totale uguale a 1 m^2.

Problema 11. Sapendo che $\lim\limits_{x \to \infty} \left(1 + \dfrac{1}{x}\right)^x = e$, determinare il valore di α per cui risulta

$$L = \lim_{x \to 0^+} (1 + 2x)^{3/x} + \alpha \lim_{x \to \infty} \left(\dfrac{x}{x+1}\right)^{2x} = 0.$$

Problema 12. Si calcolino i seguenti limiti:

$$\lim_{\alpha \to \frac{\pi}{4}} \dfrac{(\sqrt{2} - 2\sin\alpha)^2}{1 - \sin^2 2\alpha} \quad \text{e} \quad \lim_{x \to \pi} \dfrac{(x^2 - (\pi + 1)x + \pi)\sin(\frac{\pi - x}{3})}{x^3 - (2\pi + 1)x^2 + (\pi^2 + 2\pi)x - \pi^2}.$$

Problema 13.

a) Si dimostri che la radice di un numero intero positivo N appartiene a $\mathbb{Q}$ se e solo se N è un quadrato perfetto (ovvero $N = K^2$ con $K \in \mathbb{N}$).

b) Siano $p' \neq p''$ due numeri primi > 1.
È possibile che il numero $\sqrt{p'} + \sqrt{p''} + \sqrt{p'p''}$ sia razionale?

Problema 14. Si considerino i numeri naturali formati dalle cifre seguenti:
$a_0 = 4, a_1, a_2, \ldots, a_{24}, a_i \in \{0, 1\}, 1 \leq i \leq 24$. Si provi che se la cifra 0 compare
13 volte, allora tali numeri non possono essere il quadrato di alcun numero
naturale.

Problema 15. Dimostrare che se $y \neq 0$, allora $\left|\dfrac{x}{y}\right| = \dfrac{|x|}{|y|}$ e $\left||x| - |y|\right| \leqslant |x - y|$.

Problema 16. Trovare la condizione necessaria e sufficiente sui numeri $a \neq 1$, b
e c affinché la seguente equazione sia verificata:

$$\log_{c+b} a + \log_{c-b} a = 2 \log_{c+b} a \cdot \log_{c-b} a.$$

Problema 17. Si considerino le vocali a, e, i, o, u e le consonanti m, n, p, r, s, t.

a) Quante sono le parole di 5 lettere distinte e contenenti 2 consonanti e 3
vocali?

b) Quante sono le parole di 7 lettere distinte, contenenti 3 consonanti e 4
vocali di cui la o e la u consecutive (per avere il suono ou)?

Problema 18. Si può trovare un $x \in \mathbb{Q}$ tale che

$$\sqrt{2p(p - \sqrt{p} + 1)} + x = 3\sqrt{p} - 1,$$

ove p è un numero primo > 1? Se un tale x esiste, determinare p.

Problema 19. Due punti P_i ($i = 1, 2$) descrivono dei cerchi Γ_i di centro Ω_i e
raggio r_i. I cerchi Γ_i sono tali che $\Omega_1 = (8, 4)$, $r_1 = 2$, Γ_2 passa per l'origine e
$\Omega_2 = (2, 2)$. Sapendo che ad ogni istante l'angolo fra $\overrightarrow{\Omega_1 P_1}$ e $\overrightarrow{\Omega_2 P_2}$ è uguale a $\frac{\pi}{4}$,
determinare l'equazione cartesiana della curva Γ descritta dal punto medio M
del segmento $P_1 P_2$.

Problema 20. Si dimostri la formula di Erone: l'area di un triangolo di lati a, b,
c e perimetro $2p$ è data da

$$\sqrt{p(p - a)(p - b)(p - c)}$$

(si veda la sezione 5.9).

Problema 21. Semplificare il più possibile l'espressione

$$\alpha = \arcsin(2t - 1) + 2\arctan\sqrt{\frac{1 - t}{t}}, \quad 0 < t \leq 1.$$

Problema 22. Si determinino i valori di α e β tali che la successione il cui termine generale è

$$x_n = \frac{1}{n^2 + 1}\left[\alpha(n^2 - n)(1 + \sin^2 \frac{n\pi}{2}) + \beta(n^2 + n)\cos n\pi\right]$$

converga a 3.

Problema 23. Si trovi il punto I dal quale si possono condurre le tangenti comuni ai cerchi Γ_1 di equazione $x^2 + y^2 = 25$ e Γ_2 di equazione $x^2 + y^2 = 50 - 14x - 2y$.

Problema 24.

a) Si studi la funzione $g(x) = \ln(1 + |\sin x|)$.

b) Si studi la funzione $f(x) = \sqrt[3]{x^3 - 3x + 2}$ e se ne tracci il grafico γ; quindi si determini, se esiste, il punto T su γ in cui la tangente è parallela all'asintoto δ di f.

Problema 25.

a) Si studi la funzione $f(x) = x + 1 - e^x$.
   Trovare il dominio di esistenza e le eventuali simmetrie (funzione pari o dispari), asintoti, derivata, tabella di variazione di f e gli eventuali estremi. Infine, si rappresenti graficamente f (il calcolo della derivata seconda non è richiesto).

b) Dire se il grafico della funzione $g(x) = 1 - x - e^x$ ammette un asintoto obliquo. In caso affermativo, calcolarlo.

c) Per quali valori di $\alpha \in \mathbb{R}$ la funzione $h(x) = \alpha(x + 1) - e^x$ ammette un massimo?
   Trovare le coordinate del punto di massimo di h in funzione di α.

d) Calcolare l'area della regione di piano compresa fra il grafico di f, quello di g e le rette $x = 0$ e $x = 10$.

Problema 26. Si consideri la successione $(f_n)_{n\in\mathbb{N}^*}$ di funzioni reali definite da

$$f_n(x) = \begin{cases} x^n e^x & \text{se } x \le 0 \\ x^n \ln(x) & \text{se } x > 0 \end{cases}.$$

Sia (C_n) il grafico di f_n.

a) Si verifichi che le funzioni f_n sono continue in $x = 0$. Per quali valori di $n \in \mathbb{N}^*$, dove $\mathbb{N}^*$ è l'insieme dei numeri naturali maggiori di zero (vedere sezione 1.1), le funzioni f_n sono derivabili in $x = 0$?

b) – Determinare gli intervalli di monotonia di f_1 ($n = 1$).

   – Calcolare le coordinate del flesso di f_1.

   – Rappresentare graficamente la curva (C_1). (Non si richiede le studio completo della funzione.)

c) Calcolare l'area $A_n(k)$ della regione sottesa dal grafico di f_n per $x \in [k; 1]$, ove $0 < k < 1$.

   Dimostrare che $\lim\limits_{\substack{k \to 0 \\ k>0}} A_n(k) = \dfrac{1}{(n+1)^2}$, per ogni $n \in \mathbb{N}^*$.

Problema 27. Nello spazio euclideo munito di un sistema di coordinate ortonormale, si considerino i punti seguenti:

$$A(0; 1; 3), \quad B(4; 3; 1), \quad C(6; 1; -3) \text{ e } D(4; -3; 1).$$

a) Trovare l'equazione cartesiana del piano ABC.

b) Trovare delle equazioni parametriche per l'altezza da C del tetraedro $ABCD$ (cioè della retta normale al piano ABD e passante per il punto C).

c) Calcolare l'angolo acuto formato dai piani ABC e ABD.

d) Calcolare la distanza delle rette AB e CD.

e) Determinare il centro P e il raggio r della sfera circoscritta al tetraedro $ABCD$. Scrivere l'equazione di questa sfera.

Soluzioni

Soluzione 1. Dimostrazione per induzione: per $n = 2$ si ha $N_2 = 30$ che è divisibile per 5. Supponiamo ora che, per $n \geq 2$, N_n sia divisibile per 5; allora

$$N_{n+1} = (n + 1)^5 - (n + 1) = n^5 - n + 5(n^4 + 2n^3 + 2n^2 + n) = N_n + 5M_n;$$

e dunque N_{n+1} risulta divisibile per 5 in quanto N_n lo è, cvd.

Soluzione 2. Poniamo $AB = 2a$ e $BC = 2b$. Dalle relazioni $b < a$, $ab = 12$ e $a^2 + b^2 = 25$ abbiamo che $a = 3$ e $b = 4$.

L'uguaglianza $AE = AF$ implica $AB^2 + BF^2 = AD^2 + DE^2$, da cui l'equazione $x^2(1 - p^2) + 2x(8p - 6) = 0$ che implica a sua volta $x = 4\dfrac{3 - 4p}{1 - p^2}$.

Le condizioni $0 < CE \leq CD$ e $0 < CF \leq CB$ danno il sistema seguente:

$$(S): \quad \begin{cases} 0 < \dfrac{6 - 8p}{1 - p^2} \leq 3 \\[2mm] 0 < \dfrac{3p - 4p^2}{1 - p^2} \leq 2 \end{cases}$$

Sapendo che p è positivo, e studiando la tavola dei segni che segue,

p	0	3/4	1	∞
segno di $(6 - 8p)$	+	$\vdots$ −	−	
segno di $(3p - 4p^2)$	+	$\vdots$ −	−	
segno di $(1 - p^2)$	+	+	$\vdots$ −	
segno di $(6 - 8p)/(1 - p^2)$	+	$\vdots$ −	$\parallel$ +	
segno di $(3p - 4p^2)/(1 - p^2)$	+	$\vdots$ −	$\parallel$ +	

Nota. Il simbolo $\vdots$ indica la presenza di uno zero, mentre $\parallel$ quella di un asintoto.

si deduce che i valori $p > \frac{3}{4}$ non soddisfano il sistema (S). In effetti, se $\frac{3}{4} < p < 1$ allora $\frac{6-8p}{1-p^2}$ e $\frac{3p-4p^2}{1-p^2}$ sono < 0 e se $p > 1$ allora la diseguaglianza

$\frac{3p-4p^2}{1-p^2} \le 2$ non è soddisfatta. Il sistema (S) è quindi equivalente a

$$\begin{cases} 0 < p < \frac{3}{4} \\ 3p^2 - 8p + 3 \le 0 \\ 2p^2 - 3p + 2 \ge 0 \end{cases}, \text{da cui } \frac{4 - \sqrt{7}}{3} \approx 0,45 \le p < \frac{3}{4}.$$

Soluzione 3. Osserviamo che l'area con segno $\mathcal{A} = \int_{\ln 2}^{\ln 8} g(x)dx$ non corrisponde all'area richiesta.

Per $\ln 2 \le x \le \ln 8$, si può semplificare $g(x) = \frac{(1 - 2e^x)(1 - 3e^{-x})}{e^{-x}(1 - 2e^x)}$ eliminando il fattore comune $1 - 2e^x$, che si annulla solamente in $x = -\ln 2$, e si può scrivere $g(x) = e^x - 3$. In seguito notiamo che $g(\ln 2) = -1 < 0$, $g(\ln 8) = 5 > 0$ e che $g(x)$ si annulla solo in $x = \ln 3$. Ne segue che sull'intervallo $[\ln 2, \ln 8]$, $g(x)$ cambia di segno una volta soltanto: tale funzione è negativa su $[\ln 2, \ln 3]$, positiva su $[\ln 3, \ln 8]$. L'area cercata A è data quindi da

$$A = -\int_{\ln 2}^{\ln 3} (e^x - 3)dx + \int_{\ln 3}^{\ln 8} (e^x - 3)dx = 4 + 3\ln \frac{9}{16} \approx 2,27.$$

Soluzione 4. Le coordinate del punto A sono $(a, \sqrt{1 - a^2})$.
Definiamo $S(a) = \text{area}(ABCDEFA)$; si ha

$$S(a) = \text{area}(CDEOC) + \text{area}(BOFAB)$$

$$= a\sqrt{1 - a^2} + \int_0^a \sqrt{1 - x^2}dx$$

$$= a\sqrt{1 - a^2} + F(a) - F(0),$$

ove $F(x)$ è una primitiva di $f(x) = \sqrt{1 - x^2}$. Se ne deduce che

$$S'(a) = (a\sqrt{1 - a^2})' + F'(a) = \sqrt{1 - a^2} - \frac{a^2}{\sqrt{1 - a^2}} + f(a)$$

$$= \frac{2 - 3a^2}{\sqrt{1 - a^2}},$$

e che S' si annulla con cambio di segno in $a = \sqrt{\frac{2}{3}}$, valore che risulta dunque punto di massimo per $S(a)$.

Soluzione 5.

a) Osserviamo che, per ogni x, $7x^2 - 5x + 1 > 0$. Si deduce che la disuguaglianza assegnata può scriversi come $x(x^2 - 4x + 8) \ge 0$, da cui segue il risultato. In particolare si ha che per $x \ge 0$, il numeratore di $f(x)$ è positivo e dunque $f(x) > 0$.

b) Abbiamo che $f(x) = x - 4 + \dfrac{7x + 14}{x^2 + 1}$, da cui si ottiene subito l'equazione dell'asintoto obliquo: $y = x - 4$. Tale asintoto interseca la retta di equazione $y = -x - 2$ nel punto $(1, -3)$ e $f(x) - (x - 4) > 0$, per $x \geq 0$. Tenendo conto di quanto ottenuto in (a), l'area richiesta è data da

$$A = \int_0^6 f(x)dx + \frac{5}{2} + \frac{5}{2} = \int_0^6 (x - 4 + 7\frac{x + 2}{x^2 + 1})dx + 5$$

$$= \left[\frac{1}{2}x^2 - 4x + \frac{7}{2}\ln(x^2 + 1) + 14\arctan x \right]_0^6 + 5$$

$$= \frac{7}{2}\ln 37 + 14\arctan 6 - 1 \approx 31, 3.$$

Soluzione 6. Sia h l'altezza condotta da B. Risultati elementari sui triangoli ci dicono che $0 < \alpha < \frac{\pi}{3}$ e $S(\alpha) = \frac{1}{2}AC \cdot h$. Grazie al teorema del seno abbiamo: $S(\alpha) = 4\dfrac{\sin 3\alpha}{\cos \alpha}$, e $S'(\alpha) = 0$ implica

$$0 = 3\cos 3\alpha \cos \alpha + \sin 3\alpha \sin \alpha$$

$$= \cos 3\alpha \cos \alpha - \sin 3\alpha \sin \alpha + 2\cos 3\alpha \cos \alpha + 2\sin 3\alpha \sin \alpha$$

$$= \cos 4\alpha + 2\cos 2\alpha = 2(\cos 2\alpha)^2 + 2\cos 2\alpha - 1 = p(\alpha).$$

Se si pone $x = \cos 2\alpha$, resta solo da risolvere l'equazione $2x^2 + 2x - 1 = 0$, di cui l'unica soluzione ammissibile è $x = \frac{\sqrt{3}-1}{2}$. Infine, studiando il segno di $p(\alpha)$ si trova facilmente che

$$\alpha = \frac{1}{2}\arccos\left(\frac{\sqrt{3} - 1}{2} \right)$$

è un punto di massimo per $S(\alpha)$.

Soluzione 7. Supponiamo che la retta δ sia tangente alla circonferenza γ. Siano T il punto di tangenza e O l'origine. Allora abbiamo $O\Omega = m$ e

$$2m = \text{pendenza della retta } \delta = \frac{\Omega T}{OT} = \frac{2}{\sqrt{m^2 - 4}}.$$

Se ne deduce che $m^4 - 4m^2 - 1 = 0$, da cui $m = \pm\sqrt{2 + \sqrt{5}}$.

Soluzione 8. Occorre minimizzare la funzione $S = \pi(r_1^2 + r_2^2)$ sotto il vincolo $r_1 + r_2 = |\Omega_1\Omega_2| = \sqrt{(2 - r_1)^2 + (r_2 - 1)^2}$, dunque per $r_2 = \dfrac{5 - 4r_1}{2(1 + r_1)}$. Possiamo in questo senso esprimere S in funzione della sola variabile r_1: $S(r_1) = \pi(r_1^2 +$

$\frac{(5-4r_1)^2}{4(1+r_1)^2}$) e cercare in seguito una condizione affinché r_1 verifichi

$$S'(r_1) = \pi \left(2r_1 - \frac{9(5-4r_1)}{2(1+r_1)^3} \right)$$

$$= \pi \left(\frac{4r_1(1+r_1)^3 - 9(5-4r_1)}{2(1+r_1)^3} \right) = 0;$$

otteniamo dunque che r_1 deve soddisfare l'equazione:

$$4r_1^4 + 12r_1^3 + 12r_1^2 + 40r_1 - 45 = 0.$$

Soluzione 9. Affinché la retta $x = 2$ sia un asintoto verticale, occorre che il denominatore di $f(x)$ si annulli per $x = 2$, ovvero che $4 + 2c + 2 = 0$ e cioè $c = -3$. D'altro canto, affinché la retta $y = 2x + 3$ sia un asintoto obliquo, occorre che

$$\lim_{x \to \infty} \left(\frac{ax^3 + bx^2 - 2x + 3}{x^2 - 3x + 2} - 2x - 3 \right) = 0$$

ossia $a = 2$ e $b = -3 = c$. Si verifica che in tali casi il denominatore di $f(x)$ non si annulla in $x = 2$.

Soluzione 10. Sia h l'altezza del cilindro e r il raggio della sua base. Cerchiamo il massimo di $V = \pi r^2 h$ sotto la condizione che l'area totale della superficie sia uguale a uno, ovvero

$$\pi r^2 + 2\pi r h = 1.$$

Eliminando h si ha allora $V(r) = \dfrac{r - \pi r^3}{2}$. Infine si calcola $V'(r) = \dfrac{1 - 3\pi r^2}{2} = 0$ per $r = \dfrac{1}{\sqrt{3\pi}}$, $V'(r) > 0$ per $r \in]0, \frac{1}{\sqrt{3\pi}}[$, e $V'(r) < 0$ per $r \in]\frac{1}{\sqrt{3\pi}}, \infty[$. Il volume V risulta massimo quando

$$r = h = \frac{1}{\sqrt{3\pi}} \approx 32,6 \text{cm}.$$

Soluzione 11. Si ponga $x = \dfrac{1}{2t}$; allora risulta

$$L = \lim_{t \to \infty} \left(1 + \frac{1}{t} \right)^{6t} + \alpha \lim_{x \to \infty} \frac{1}{(1 + \frac{1}{x})^{2x}} = e^6 + \frac{\alpha}{e^2} = 0.$$

Dunque $\alpha = -e^8$.

Soluzione 12. Per quanto riguarda il primo limite, abbiamo:

$$\lim_{\alpha \to \frac{\pi}{4}} \frac{(\sqrt{2} - 2\sin\alpha)^2}{1 - \sin^2 2\alpha} = \lim_{\alpha \to \frac{\pi}{4}} \left(\frac{\sqrt{2} - 2\sin\alpha}{\cos 2\alpha} \right)^2$$

$$= \lim_{\alpha \to \frac{\pi}{4}} \left(\frac{2}{\sqrt{2} + 2\sin\alpha} \right)^2 = \frac{1}{2}.$$

Per il secondo:

$$\lim_{x \to \pi} \frac{(x^2 - (\pi+1)x + \pi)\sin(\frac{\pi-x}{3})}{x^3 - (2\pi+1)x^2 + (\pi^2+2\pi)x - \pi^2} =$$

$$\lim_{x \to \pi} \frac{(x-\pi)(x-1)\sin(\frac{\pi-x}{3})}{(x-\pi)(x-\pi)(x-1)} \underset{(x \neq \pi)}{=} \lim_{x \to \pi} \frac{\sin(\frac{\pi-x}{3})}{x-\pi} = -\frac{1}{3}.$$

Soluzione 13.

a) Si consideri la scomposizione del numero naturale N in fattori primi:
$N = p_1^{k_1} p_2^{k_2} \cdots p_\ell^{k_\ell}$ ove $p_i \neq p_j$ se $i \neq j$, p_i essendo numeri primi > 1 e $k_i \in \mathbb{N}^*$. Distinguiamo i due casi seguenti.

1. Tutti i k_i sono pari:
   $k_i = 2m_i$ e $\sqrt{N} = p_1^{m_1} \cdots p_\ell^{m_\ell} = K \in \mathbb{N}^*$, dunque $N = K^2$;

2. Almeno un k_i è dispari:
   supporremo $k_i = 2m_i + 1$, $m_i \geq 0$, $i = 1, \ldots, j$. Allora, $\sqrt{N} = N'\sqrt{p_1 \cdots p_j}$, con $N' \in \mathbb{N}^*$; ne consegue che $\sqrt{N} \notin \mathbb{Q}$, in quanto $\sqrt{p_1 \cdots p_j} \notin \mathbb{Q}$. Infatti, si ammetta per assurdo che $\sqrt{p_1 \cdots p_j} = m/n$ con m, n naturali primi fra loro. Allora abbiamo $m^2 = p_1 p_2 \cdots p_j n^2$ e p_1 è un divisore di m^2, e quindi di m: $m = p_1 m'$, il che implica $p_1 m'^2 = p_2 \cdots p_j n^2$. Dunque, p_1 divide n^2, e quindi anche n: $n = p_1 n'$, il che è una contraddizione.

b) Si supponga che il numero considerato sia razionale, ovvero che $\sqrt{p'} + \sqrt{p''} + \sqrt{p'p''} = q \in \mathbb{Q}^+$. Allora possiamo scrivere

$$\sqrt{p'} + \sqrt{p''} = q - \sqrt{p'p''},$$

da cui

$$p' + 2\sqrt{p'}\sqrt{p''} + p'' = q^2 - 2q\sqrt{p'p''} + p'p'',$$

e si ha $2(1+q)\sqrt{p'p''} = q^2 + p'p'' - p' - p''$, dunque

$$\sqrt{p'p''} = \frac{q^2 + p'p'' - p' - p''}{2(1+q)} \in \mathbb{Q},$$

il che è assurdo dato che $\sqrt{p'p''} \notin \mathbb{Q}$.

Soluzione 14. Sia N un numero contenente una volta la cifra 4 e 11 volte la cifra 1. La somma di tali cifre è $4 + 11 = 15$; quindi N è divisibile per 3 senza essere divisibile per $9 = 3^2$. Ma allora non può essere un quadrato perfetto.

Soluzione 15. Se $y \neq 0$, $\left|\dfrac{x}{y}\right| = \left|x\dfrac{1}{y}\right| = |x| \cdot \left|\dfrac{1}{y}\right|$.

Dato che $1 = |1| = \left|y\dfrac{1}{y}\right| = |y| \cdot \left|\dfrac{1}{y}\right|$, abbiamo $\left|\dfrac{1}{y}\right| = \dfrac{1}{|y|}$. Quindi

$$\left|\frac{x}{y}\right| = |x| \cdot \left|\frac{1}{y}\right| = |x|\frac{1}{|y|} = \frac{|x|}{|y|}.$$

La diseguaglianza $\big||x| - |y|\big| \leqslant |x - y|$ è equivalente a $-|x - y| \leqslant |x| - ||y| \leqslant |x - y|$.

Ora, da $|x| = |(x - y) + y| \leqslant |x - y| + y|$ si ottiene $|x| - |y| \leqslant |x - y|$.

Allo stesso modo, $|y| = |(y - x) + x| \leqslant |x - y| + |x|$ da cui segue $-|x - y| \leqslant |x||-|y|$ e quindi il risultato cercato.

Soluzione 16. Innanzitutto osserviamo che vi sono delle condizioni di esistenza: $a > 0, c > 0, -c < b < c, c + b \neq 1$ e $c - b \neq 1$. L'equazione considerata è

$$\frac{\ln a}{\ln(c + b)} + \frac{\ln a}{\ln(c - b)} = 2\frac{\ln a}{\ln(c + b)} \cdot \frac{\ln a}{\ln(c - b)}$$

ed è equivalente a $\ln a \cdot \ln(c^2 - b^2) = \ln a \cdot \ln a^2$ ovvero $\ln(c^2 - b^2) = \ln a^2$. Quest'ultima relazione è verificata se e solamente se $c^2 - b^2 = a^2$.

Soluzione 17.

a) Risposta: $\dbinom{6}{2}\dbinom{5}{3} \cdot 5! = 18000$.

b) Risposta: $\dbinom{6}{3}\dbinom{3}{2} \cdot 5! \cdot 6 = 43200$.

Soluzione 18. Elevando al quadrato entrambi i membri, si ottiene

$$2p^2 - 7p + x - 1 = 2(p - 3)\sqrt{p}.$$

Se $p \neq 3$, abbiamo $\sqrt{p} = \dfrac{2p^2 - 7p + x - 1}{2(p - 1)}$ che è assurdo in quanto $\sqrt{p} \notin \mathbb{Q}$; se invece $p = 3$, allora otteniamo $x = 4$.

Soluzione 19. Esprimiamo le coordinate dei punti $P_i \in \Gamma_i$ in forma parametrica, tenendo conto dello sfasamento $\frac{\pi}{4}$.

$$P_1: \begin{cases} x_{P_1} = 8 + 2\cos t \\ y_{P_1} = 4 + 2\sin t \end{cases}$$

$$P_2 : \begin{cases} x_{P_2} = 2 + 2\sqrt{2}\cos(t + \frac{\pi}{4}) \\ y_{P_2} = 2 + 2\sqrt{2}\sin(t + \frac{\pi}{4}) \end{cases}.$$

Da $\overrightarrow{OM} = \frac{1}{2}(\overrightarrow{OP_1} + \overrightarrow{OP_2})$, otteniamo le coordinate di M:

$$\begin{cases} x_M = 5 + 2\cos t - \sin t \\ y_M = 3 + \cos t + 2\sin t \end{cases},$$

da cui l'equazione cartesiana del luogo di punti Γ:

$$(x - 5)^2 + (y - 3)^2 = 5.$$

Soluzione 20. Riferendosi alla notazione della fig. 5.10 del capitolo 5, abbiamo:

$$\begin{aligned} \text{Area} &= \frac{1}{2}(\text{base}) \cdot (\text{altezza}) = \frac{1}{2}ab\sin\gamma \\ &= \frac{1}{2}ab\sqrt{1 - \cos^2\gamma} \\ &= \frac{1}{2}ab\sqrt{(1 - \cos\gamma)(1 + \cos\gamma)}. \end{aligned}$$

Grazie al teorema del coseno (o di Carnot):

$$\cos\gamma = \frac{1}{2ab}[c^2 - (a^2 + b^2)].$$

Dunque,

$$\begin{aligned} \text{Area} &= \frac{1}{2}ab \cdot \frac{1}{2ab}\sqrt{[(a + b)^2 - c^2][c^2 - (a - b)^2]} \\ &= \frac{1}{4}\sqrt{(a + b - c)(a + b + c)(c - a + b)(c + a - b)} \\ &= \sqrt{p(p - a)(p - b)(p - c)} \end{aligned}$$

dato che $a + b - c = 2p - 2c$.

Soluzione 21. Si osservi, ad esempio, che per $t = \frac{1}{2}$ e $t = 1$, si ha $\alpha = \frac{\pi}{2}$. Usando la relazione $\cos(\arcsin x) = \sqrt{1 - x^2}$ e le formule

$$\cos 2x = \frac{1 - \tan^2 x}{1 + \tan^2 x}, \quad \sin 2x = \frac{2\tan x}{1 + \tan^2 x},$$

si ottiene

$$\begin{aligned} \cos\alpha &= \sqrt{1 - (2t - 1)^2} \cdot \frac{1 - \frac{1-t}{t}}{1 + \frac{1-t}{t}} - (2t - 1)\frac{2\sqrt{\frac{1-t}{t}}}{1 + \frac{1-t}{t}} \\ &= 2\sqrt{t(1 - t)}(2t - 1) - (2t - 1)2\sqrt{1 - t}\sqrt{t} = 0 \end{aligned}$$

e dunque $\alpha = \dfrac{\pi}{2}$ per ogni $t \in \,]0, 1]$.

Soluzione 22. Se n è pari, $x_n = \dfrac{(\alpha + \beta)(n^2 - n)}{n^2 + 1}$ tende a $\alpha + \beta$ per n tendente verso ∞;

se n è dispari, $x_n = \dfrac{(2\alpha - \beta)(n^2 - n)}{n^2 + 1}$ tende a $2\alpha - \beta$ per n tendente a ∞.

La successione di termine generale x_n converge dunque a 3 se $\alpha + \beta = 2\alpha - \beta = 3$ da cui $\alpha = 2$ e $\beta = 1$.

Soluzione 23. I centri e i raggi delle circonferenze assegnate sono dati rispettivamente da $\Omega_1(0, 0)$, $\Omega_2(-7, -1)$ e $R_1 = 5$, $R_2 = 10$. Ci sono al massimo due tangenti comuni, essendo $\delta(\Omega_1, \Omega_2) = 5\sqrt{2} < 15 = R_1 + R_2$. Consideriamo la circonferenza Γ_2' con centro in Ω_2 e raggio $R_2 - R_1 = 5$, e si calcolino le tangenti a Γ_2' condotte dal punto $\Omega_1 = O$; si ottengono le due rette t_i' di equazione $4x - 3y = 0$ e $3x + 4y = 0$. Con semplici calcoli si ottengono a questo punto le equazioni delle tangenti t_i comuni alle circonferenze Γ_i e parallele alle rette t_i', che risultano $4x - 3y = 25$ e $3x + 4y = 25$, da cui troviamo $I(7, 1)$. Osserviamo in particolare che in questo problema t_1 risulta perpendicolare a t_2.

Soluzione 24.

a) Il dominio di esistenza di g è $D_g = \mathbb{R}$; si tratta di una funzione periodica di periodo π, dato che il seno è una funzione 2π-periodica e che soddisfa $|\sin(x + \pi)| = |\sin x|$. Siamo ricondotti dunque a studiare la funzione sull'intervallo $[0, \pi]$, ove $g(x) = \ln(1 + \sin x)$. Si ha $g'(x) = \dfrac{\cos x}{1 + \sin x}$ e $g''(x) = \dfrac{-1}{1 + \sin x}$, da cui otteniamo la tabella di variazione seguente:

x	0		$\pi/2$		π
g'	1	$+$	0	$-$	-1
g''		$-$		$-$	
g	0	$\nearrow$	$\ln 2$	$\searrow$	0

Ne consegue che g assume il valore massimo in $(\frac{\pi}{2}, \ln 2)$, con tangente orizzontale, e il valore minimo nei punti $(0, 0)$ et $(\pi, 0)$, che sono delle cuspidi, nei quali vi è una tangente destra con pendenza 1 e una tangente sinistra con pendenza -1; g risulta concava sull'intervallo considerato. Se ne deduce il grafico riportato in fig. 2.

b) Possiamo scrivere la funzione f come

$$f(x) = \sqrt[3]{(x - 1)^2(x + 2)} = \sqrt[3]{x + 2}\left(\sqrt[3]{x - 1}\right)^2 ;$$

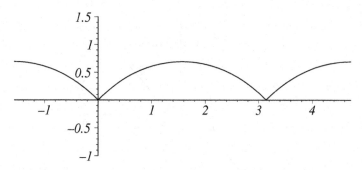

Figura 2

il dominio di esistenza è dunque $D_f = \mathbb{R}$ (la radice cubica è definita su tutto $\mathbb{R}$). Gli zeri della funzione sono $x = -2$ e $x = 1$; tuttavia, solo in $x = -2$ la funzione cambia di segno. Si ha $f'(x) = (x+1)(x+2)^{-2/3}(x-1)^{-1/3}$ e $f''(x) = -2(x-1)^{-4/3}(x+2)^{-5/3}$ da cui la tabella di variazione seguente:

x	$-\infty$		-2		-1		1		$+\infty$
f'		$+$	$\|$	$+$	0	$-$	$\|$	$+$	
f''		$+$	$\|$		$-$		$\|$	$-$	
f					$\sqrt[3]{4}$				$+\infty$
	$-\infty$	$\nearrow$	0	$\nearrow$		$\searrow$	0	$\nearrow$	

Dunque, f ha un massimo locale in $(-1, \sqrt[3]{4})$ e un minimo locale in $(1, 0)$, che è una cuspide a tangenti verticali. In $(-2, 0)$, la tangente a γ è verticale, e per $x \to \pm\infty$, γ ammette come asintoto la retta δ di equazione $y = x$ (infatti $\lim_{x \to \pm\infty} \dfrac{f(x)}{x} = 1$ e $\lim_{x \to \pm\infty} f(x) - x = 0$). Osserviamo dal segno di f'' che γ è convessa sull'intervallo $]-\infty, -2[$ e concava sugli intervalli $]-2, 1[$ e $]1, +\infty[$ (si veda la fig. 3). Imponendo l'uguaglianza fra $f'(x)$ e la pendenza dell'asintoto δ, si ottiene che il punto $(x, f(x))$ ove la tangente a γ è parallela a δ è $T(-\frac{5}{3}, \frac{4}{3})$.

Soluzione 25.

a) La funzione f è definita su tutto $\mathbb{R}$, dunque $D_f = \mathbb{R}$; essa non è né pari né dispari, dato che $f(-x) = -x + 1 - e^{-x}$. Si ha $\lim_{x \to +\infty} \dfrac{f(x)}{x} = -\infty$; dunque f non ammette asintoti in $+\infty$. Essendo $\lim_{x \to -\infty} \dfrac{f(x)}{x} = \lim_{x \to -\infty} 1 + \dfrac{1}{x} - \dfrac{e^x}{x} =$

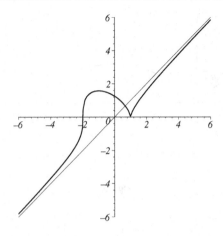

Figura 3

1 e $\lim_{x \to -\infty} (f(x) - x) = \lim_{x \to -\infty} (1 - e^x) = 1$, la retta di equazione $y = x + 1$
è invece un asintoto obliquo in $-\infty$. La derivata di f è $f'(x) = 1 - e^x$;
essa si annulla in $x = 0$, essendo positiva per $x < 0$ e negativa per
$x > 0$; ne deduciamo che f ha un massimo in $(0, 0)$ e che la sua tabella
di variazione è la seguente:

$$
\begin{array}{c|ccc}
x & -\infty & 0 & +\infty \\
\hline
f' & & + \ 0 \ - & \\
 & & 0 & \\
f & & \nearrow \quad \searrow & \\
 & -\infty & & -\infty
\end{array}
$$

da cui il grafico riportato in fig. 4.

b) Osserviamo che la funzione g si scrive $g(x) = 1 - x + \delta(x)$ ove
$\lim_{x \to -\infty} \delta(x) = \lim_{x \to -\infty} -e^x = 0$; dunque il grafico di g ha un asintoto
obliquo in $-\infty$, dato dalla retta di equazione $y = -x + 1$. In $+\infty$, si ha
$\lim_{x \to +\infty} \dfrac{g(x)}{x} = -\infty$ dunque g non ammette alcun asintoto obliquo.

c) Affinché h abbia un massimo in $(x_0, h(x_0))$ è necessario che $h'(x_0) = \alpha - e^{x_0} = 0$, ossia $\alpha = e^{x_0} > 0$. Ne deduciamo che solo gli α positivi
sono ammissibili; viceversa, dato $\alpha > 0$ abbiamo $h'(x) > 0$ per $x < \ln \alpha$

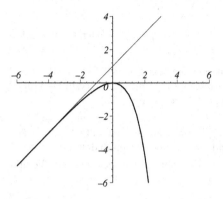

Figura 4

e $h'(x) < 0$ per $x > \ln \alpha$; dunque h ammette un massimo per ogni $\alpha \in \mathbb{R}_+^*$, le coordinate di tale massimo essendo $(\ln \alpha, \alpha \ln \alpha)$.

d) Osservando che $f(x) - g(x) = 2x > 0$ per $x > 0$, si deduce che l'area richiesta è

$$A = \int_0^{10} \big(f(x) - g(x)\big)\, dx = \int_0^{10} 2x\, dx = x^2 \Big|_0^{10} = 100.$$

Soluzione 26.

a) Siccome $n \in \mathbb{N}^*$, si ha $f_n(0) = 0$, $\displaystyle\lim_{\substack{x \to 0 \\ x<0}} f_n(x) = \lim_{\substack{x \to 0 \\ x<0}} x^n e^x = 0 = f_n(0)$

e $\displaystyle\lim_{\substack{x \to 0 \\ x>0}} f_n(x) = \lim_{\substack{x \to 0 \\ x>0}} x^n \ln(x) = 0 = f_n(0)$, da cui la continuità delle

f_n in $x = 0$. Le funzioni f_n sono derivabili in $x = 0$ per $n > 1$; infatti, esse lo sono se esiste il limite $\displaystyle\lim_{h \to 0} \frac{f_n(h) - f_n(0)}{h} = \lim_{h \to 0} \frac{f_n(h)}{h}$, e nel caso specifico si ha:

$$\lim_{\substack{h \to 0 \\ h<0}} \frac{f_n(h)}{h} = \lim_{\substack{h \to 0 \\ h<0}} h^{n-1} e^h = \begin{cases} 1 & \text{se } n = 1 \\ 0 & \text{se } n > 1 \end{cases}$$

e

$$\lim_{\substack{h \to 0 \\ h>0}} \frac{f_n(h)}{h} = \lim_{\substack{h \to 0 \\ h>0}} h^{n-1} \ln(h) = \begin{cases} -\infty & \text{se } n = 1 \\ 0 & \text{se } n > 1 \end{cases}.$$

b) – Si ha

$$f_1'(x) = \begin{cases} e^x(1 + x) & \text{se } x \le 0 \\ \ln(x) + 1 & \text{se } x > 0 \end{cases} \, ;$$

ne consegue che, sugli intervalli $]-\infty, -1[$ e $]0, e^{-1}[$, $f_1' < 0$ e quindi f_1 è decrescente, mentre sugli intervalli $]-1, 0[$ e $]e^{-1}, +\infty[$, $f_1' > 0$ e dunque f_1 è crescente.

– Per $x < 0$, $f_1''(x) = e^x(x + 2)$ si annulla e cambia di segno in $x = -2$, perciò f_1 ha un punto di flesso in $(-2, -2e^{-2})$. Per $x > 0$, $f_1''(x) > 0$ e quindi non vi sono altri punti di flesso.

– La rappresentazione grafica della curva (C_1) è riportata in fig. 5.

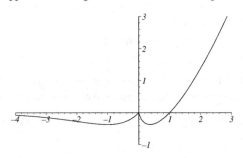

Figura 5

c) Su $]0, 1]$, $f_n(x) \le 0$, quindi $A_n(k) = -\displaystyle\int_k^1 x^n \ln(x)\, dx$. Con una integrazione per parti si ottiene:

$$\begin{aligned} A_n(k) &= 0 + \frac{k^{n+1}}{n+1} \ln(k) + \int_k^1 \frac{x^n}{n+1}\, dx \\ &= \frac{k^{n+1}}{n+1} \ln(k) + \frac{1}{(n+1)^2} - \frac{k^{n+1}}{(n+1)^2}. \end{aligned}$$

Osservando che $\displaystyle\lim_{k\to 0^+} k^{n+1} \ln(k) = 0$, si deduce

$$\begin{aligned} \lim_{k\to 0^+} A_n(k) &= \lim_{k\to 0^+} \left(\frac{k^{n+1}}{n+1} \ln(k) \right) + \frac{1}{(n+1)^2} - \\ &\quad \lim_{k\to 0^+} \left(\frac{k^{n+1}}{(n+1)^2} \right) \\ &= \frac{1}{(n+1)^2}. \end{aligned}$$

Soluzione 27.

a) Il piano ABC ha i vettori direttori seguenti:

$$\vec{AB} = \vec{OB} - \vec{OA} = \begin{pmatrix} 4 \\ 2 \\ -2 \end{pmatrix} \quad \text{e} \quad \vec{AC} = \vec{OC} - \vec{OA} = \begin{pmatrix} 6 \\ 0 \\ -6 \end{pmatrix},$$

che sono non allineati. Il vettore

$$\vec{n} = \vec{AB} \times \vec{AC} = \begin{pmatrix} -12 \\ 12 \\ -12 \end{pmatrix} = -12 \begin{pmatrix} 1 \\ -1 \\ 1 \end{pmatrix}$$

è quindi normale al piano. Pertanto l'equazione cartesiana del piano ABC è del tipo $x - y + z + \alpha = 0$ ove α è una costante che si determina imponendo che le coordinate di A soddisfino l'equazione stessa. La risposta è dunque $x - y + z - 2 = 0$.

b) Si ha

$$\vec{AB} = \begin{pmatrix} 4 \\ 2 \\ -2 \end{pmatrix}, \quad \vec{AD} = \begin{pmatrix} 4 \\ -4 \\ -2 \end{pmatrix}$$

dunque

$$\vec{d} = \vec{AB} \times \vec{AD} = \begin{pmatrix} -12 \\ 0 \\ -24 \end{pmatrix}.$$

Il vettore $\vec{d}$ è direttore dell'altezza condotta da C nel tetraedro $ABCD$; scrivendo che $\vec{OQ} = \vec{OC} + \lambda \vec{d}$ ove $Q(x; y; z)$ appartiene all'altezza e λ è un numero reale, si ottengono le equazioni parametriche seguenti:

$$\begin{cases} x = 6 + \lambda \\ y = 1 \\ z = -3 + 2\lambda \end{cases}, \quad \lambda \in \mathbb{R}.$$

c) Indichiamo con φ l'angolo acuto formato dai piani ABC e ABD. Dato che $\vec{n}$ è normale a ABC e $\vec{d}$ a ABD, si ha

$$\cos \varphi = \frac{|\vec{n} \cdot \vec{d}|}{\|\vec{n}\| \cdot \|\vec{d}\|} = \frac{3}{\sqrt{3}\sqrt{5}} = \frac{\sqrt{3}}{\sqrt{5}} \approx 0.7746,$$

da cui $\varphi \approx 0,6847$ radianti ($\approx 39°$).

d) Si ha

$$\vec{AB} = \begin{pmatrix} 4 \\ 2 \\ -2 \end{pmatrix}, \quad \vec{CD} = \begin{pmatrix} -2 \\ -4 \\ 4 \end{pmatrix}$$

da cui

$$\vec{AB} \times \vec{CD} = \begin{pmatrix} 0 \\ -12 \\ -12 \end{pmatrix}.$$

La distanza $\delta(AB, CD)$ fra le rette AB e CD è dunque data da:

$$\delta(AB, CD) = \frac{|(\vec{AB} \times \vec{CD}) \cdot \vec{AC}|}{\|\vec{AB} \times \vec{CD}\|} = \frac{72}{12\sqrt{2}} = 3\sqrt{2}.$$

e) Le coordinate $(x; y; z)$ del centro P della sfera circoscritta al tetraedro $ABCD$ soddisfano le equazioni seguenti:

$$\begin{cases} y = 0 \\ x - 3 = z \\ 2x - 4 = z - y \end{cases}$$

che derivano, dopo alcune semplificazioni, dalle relazioni: $\|\vec{BP}\|^2 = \|\vec{DP}\|^2 = r^2$, $\|\vec{AP}\|^2 = \|\vec{CP}\|^2 = r^2$ e $\|\vec{AP}\|^2 = \|\vec{BP}\|^2 = r^2$. Risolvendo il sistema, si ottiene $x = 1, y = 0$ e $z = -2$, ovvero $P(1; 0; -2)$.

Per trovare il raggio, basta calcolare $\|\vec{AP}\|$; si ha $r = 3\sqrt{3}$. L'equazione della sfera di centro P e raggio r è dunque:

$$(x - 1)^2 + y^2 + (z + 2)^2 = 27,$$

ovvero

$$x^2 + y^2 + z^2 - 2x + 4z - 22 = 0.$$

CAPITOLO 1 ●

Operazioni, struttura dei numeri

Esercizi

Esercizio 1.1. Dimostrare che la somma di due numeri dispari consecutivi N' e N'' è sempre divisibile per 4.

Esercizio 1.2. Utilizzando la formula della somma di una progressione aritmetica, trovare la somma dei primi n numeri dispari. Dimostrare poi per induzione la formula trovata.

Esercizio 1.3. Si consideri il trinomio

$$P(x) = x^2 - 2(m+2)x + (m^2 + 4m + 3),$$

dove $m \in \mathbb{Z}$ è un parametro.

a) Calcolare $P(m+1)$.

b) Dedurre che $P(x)$ è divisibile per $x - m - 1$.

c) Fattorizzare $P(x)$.

d) Per quali interi m le radici di $P(x)$ sono numeri naturali inferiori a 6 ?

Esercizio 1.4. Dimostrare che un numero naturale è divisibile per 9 se la somma delle sue cifre è divisibile per 9. Dedurne il criterio di divisibilità per 3.

Esercizio 1.5. Sia a l'ipotenusa di un triangolo rettangolo, b e c i suoi cateti. Trovare $a \in \mathbb{N}^*$ e $b \in \mathbb{N}^*$ per $c = 34$. Rispondere alla stessa domanda per $c = 35$.

Esercizio 1.6. Dimostrare che $\sqrt[3]{333}$ non è razionale.

Esercizio 1.7. Determinare se il numero reale $r = 3^{1/2} - 2^{1/3}$ è razionale.

Esercizio 1.8.

a) Scrivere il numero $r = \dfrac{\sqrt{5} + 2\sqrt{2}}{2\sqrt{5} - 3\sqrt{2}}$ nella forma $a + b\sqrt{c}$ con $a, b, c \in \mathbb{Q}$.

b) Trovare $q \in \mathbb{Q}$ tale che il prodotto di $r_1 = \sqrt{\dfrac{7}{2}} + q\sqrt{\dfrac{3}{2}}$ e

$r_2 = \dfrac{5\sqrt{2} - \sqrt{42}}{2\sqrt{7} - 3\sqrt{3}}$ sia un numero razionale.

Esercizio 1.9. Si dimostri che $r = (\sqrt{1 + \alpha^2} - \alpha)^{1/3} - (\sqrt{1 + \alpha^2} + \alpha)^{1/3}$ è soluzione dell'equazione $x^3 + 3x + 2\alpha = 0$.
Si determini inoltre se $\delta = (\sqrt{5} - 2)^{1/3} - (\sqrt{5} + 2)^{1/3}$ è razionale o meno.

Esercizio 1.10. Si effettuino le divisioni seguenti:

a) $\dfrac{x^6 + 5x^4 + 40x^3 + 15x + 1}{x + 3}$.

b) $\dfrac{-3x^6 + x^5 + 3x^4 - 5}{x^2 + 1}$.

Osservazione. È anche possibile effettuare la divisione "al contrario", ossia cominciando dalle potenze di ordine più basso.

c) $\dfrac{-5 + 3x^4 + x^5 - 3x^6}{1 + x^2}$ [b) "al contrario"].

Esercizio 1.11. Scomporre le funzioni razionali fratte seguenti in fratti semplici:

a) $\dfrac{7x^3 - 3x^2 - 6x + 1}{x^4 + x^3 + x + 1}$;   b) $\dfrac{2x^3 - 3}{x^3 - x^2 + 2x - 2}$.

Esercizio 1.12. Scomporre le funzioni razionali fratte seguenti in fratti semplici:

a) $\dfrac{7 - 3x}{x^3 - 6x^2 + 11x - 6}$;   b) $\dfrac{x^2 + x + 1}{(x - 1)^8}$.

Esercizio 1.13. Per quali valori di p la scomposizione in funzioni razionali semplici della funzione razionale

$$R(x) = \dfrac{-4x^3 + px^2 + 6x + 3}{x^4 - 1}$$

contiene un elemento il cui numeratore si annulla in $x = 0$?

Esercizio 1.14. Sia $p > 0$ e $m \in \mathbb{Z}$.

a) Semplificare l'espressione $A = [-p(-p^{-2})^m]^{-2m}$. Trovare m tale che A sia uguale a 16^5 per $p = 2$.

b) Semplificare l'espressione: $B = (p^{4/3} - p^{2/3} + 1)(p^{2/3} + 1)$.

c) Trovare l'espressione esplicita in funzione di n della successione r_n che soddisfa $r_n = \sqrt{pr_{n-1}}$, $n \in \mathbb{N}^*$ e $r_0 = 1$.

d) Rendere razionale il denominatore di

$$D = \frac{6 + 12^{1/2} + 18^{1/2} + 54^{1/2}}{3^{1/2} + 2^{1/2}}.$$

Dopo aver effettuato i prodotti, verificare che $D = \dfrac{24^{1/2}}{3^{1/2} - 1}$.

Esercizio 1.15. Semplificare l'espressione $E = \dfrac{a^{4x} - 1}{a^x + a^{-x}}$.

Esercizio 1.16. Calcolare $N = 3 \log_2(\frac{1}{16}) + 2 \log_{\sqrt{3}}(27)$ senza usare la calcolatrice.

Esercizio 1.17. Provare che se $\mathcal{A}_1, \mathcal{A}_2$ e $\mathcal{A}_3$ sono insiemi distinti, ve ne è almeno uno che non contiene gli altri due.

Esercizio 1.18. Siano $\mathcal{A}, \mathcal{B}$ e $\mathcal{C}$ degli insiemi. Dimostrare che

$$(\mathcal{A} \cup \mathcal{B}) \times \mathcal{C} = (\mathcal{A} \times \mathcal{C}) \cup (\mathcal{B} \times \mathcal{C}).$$

Esercizio 1.19. Sostituendo a x dei valori numerici nella formula del binomio, si calcoli

$$C_n^0 + C_n^2 + C_n^4 + \cdots + C_n^{2p} + \cdots \quad \text{e} \quad C_n^0 + 2C_n^2 + 4C_n^4 + \cdots + 2^p C_n^{2p} + \cdots$$

Esercizio 1.20.

a) Quanti sono i numeri di 6 cifre che si possono formare con le cifre da 1 a 8?

b) Stessa domanda, supponendo che ogni cifra appaia una sola volta.

c) Quanti numeri distinti con 7 e 6 cifre si possono formare con le cifre seguenti: 1 - 1 - 1 - 3 - 4 - 4 - 5?

Esercizio 1.21. Un'urna contiene 10 palline bianche, 5 nere e 5 rosse. Se ne estraggono a sorte 5.

a) Qual è la percentuale dei casi in cui tutte sono bianche?

b) Qual è la percentuale dei casi in cui si estraggono tante palline nere quante rosse?

c) Qual è la percentuale dei casi in cui si estraggono più palline nere che rosse?

Esercizio 1.22.

a) Per $z = 1 + i\sqrt{3}$, si calcoli $\bar{z}$, $|z|$, $\arg z$, z^{-1} e z^3.

b) Scrivere le radici di $z^2 = 1 + i\sqrt{3}$ in forma polare e cartesiana.

c) Esprimere in forma polare le radici cubiche di $w = \frac{1}{1-i} + \frac{1}{i}$.

Esercizio 1.23.

a) Trovare tutti i numeri complessi z che soddisfano $|z| - 9i = 3z - 7$.

b) Trovare tutti i numeri complessi z tali che $z^6 + z^5 + z^4 + z^3 + z^2 + z + 1 = 0$.

Esercizio 1.24. Dimostrare, usando la formula di de Moivre, che $\sin 3t = 3\sin t - 4\sin^3 t$.

Esercizio 1.25. Per quali valori dell'intero n il numero complesso $(\sqrt{3} + i)^n$ è un numero reale positivo, reale negativo o immaginario puro?

Elementi di Teoria

1.1 Numeri

Vi sono diverse classi di numeri:

- $\mathbb{N}$: l'insieme, infinito e numerabile, dei numeri *naturali*. Si distinguono fra essi i *numeri primi*, definiti come i naturali che risultano divisibili solo per 1 e per se stessi. Si dimostra che i numeri primi sono infiniti.

- $\mathbb{Z}$: l'insieme dei numeri *interi*, che sono numeri naturali provvisti del segno + o −, ad eccezione dello 0 che non ha segno.

- $\mathbb{Q}$: l'insieme dei numeri *razionali*, che sono i quozienti di due numeri interi di cui il divisore è diverso da 0. Ogni razionale può rappresentarsi come un numero in forma decimale, in cui le cifre decimali non nulle sono o in numero finito o si ripetono all'infinito periodicamente: ad esempio abbiamo $\frac{54}{125} = 0,432$ e $\frac{4271}{3700} = 1,15432432432\ldots = 1,15\overline{432}$.

- $\mathbb{R}$: l'insieme dei numeri *reali* formato da tutti i possibili numeri in forma decimale.

Definiamo $\mathbb{N}^* = \mathbb{N} \setminus \{0\}$, $\mathbb{Z}^* = \mathbb{Z} \setminus \{0\}$, etc.

Si hanno le seguenti proprietà:

- $\mathbb{N} \subset \mathbb{Z} \subset \mathbb{Q} \subset \mathbb{R}$.

- In $\mathbb{N}$, ogni numero si rappresenta in modo unico come prodotto di numeri primi.

In $\mathbb{N}$, diremo che b è un *divisore* di a (o che b *divide* a) se esiste un naturale k tale che $a = kb$. In tal caso, si dirà che a è *divisibile* per b.

Il *MCD* di a e b è il più grande elemento dell'insieme dei divisori comuni di a e b. Tale elemento esiste, in quanto l'insieme dei divisori comuni è non vuoto, perché contiene il numero 1, ed è finito, dato che se d divide a e b, allora $d \leq a$. Si userà la notazione $MCD(a, b)$ (massimo comun divisore).

Il *mcm* di *a* e *b* è il più piccolo elemento dell'insieme dei multipli comuni positivi di *a* e *b* strettamente positivi. Questo elemento esiste in quanto l'insieme dei multipli comuni è non vuoto, perché contiene *ab*, ed è un sottoinsieme di $\mathbb{N}$. Si userà la notazione *mcm*(*a*, *b*) (minimo comune multiplo).

I numeri *a* e *b* si dicono *primi fra loro* se *MCD*(*a*, *b*) = 1; questo significa che il loro unico divisore comune è 1.

L'inclusione $\mathbb{Q} \subset \mathbb{R}$ *è stretta*: per provarlo, possiamo mostrare che $\sqrt{2}$ non è razionale. Supponiamo per assurdo (si veda la sezione 1.10.2) che $\sqrt{2} \in \mathbb{Q}$. In tal caso, $\sqrt{2}$ si può esprimere sotto forma di frazione irriducibile, ovvero

$$\sqrt{2} = \frac{a}{b}$$

con $a \in \mathbb{N}$, $b \in \mathbb{N}^*$, *a* e *b* primi fra loro. Elevando entrambi i membri dell'equazione al quadrato, si ha

$$\frac{a^2}{b^2} = 2 \quad \Rightarrow a^2 = 2b^2,$$

ossia a^2 è pari, e dunque *a* lo è, cioè esiste $n \in \mathbb{N}$ tale che $a = 2n$. Ne deduciamo che $b^2 = \frac{a^2}{2} = 2n^2$ è pari, il che implica che *b* lo è pure. Ma allora $\frac{a}{b}$ non è irriducibile in quanto *a* e *b* sono entrambi divisibili per 2. Siamo arrivati dunque a una contraddizione, pertanto è impossibile che $\sqrt{2} \in \mathbb{Q}$: cvd.

1.2 Operazioni sugli insiemi $\mathbb{Q}$ e $\mathbb{R}$

Gli insiemi $\mathbb{Q}$ e $\mathbb{R}$ sono muniti di due operazioni: l'addizione (indicata con +) e la moltiplicazione (indicata con ·). Queste leggi verificano le proprietà seguenti.

Proprietà. $\forall a, b, c \in \mathbb{R}$:

$$a + b = b + a \qquad\qquad a \cdot b = b \cdot a$$

$$a + (b + c) = (a + b) + c \qquad a \cdot (b \cdot c) = (a \cdot b) \cdot c$$

$$a + 0 = a \qquad\qquad a \cdot 1 = a$$

$$\begin{array}{ll} \forall a, \ \exists b \text{ tale che} & \forall a \neq 0, \ \exists b \text{ tale che} \\ a + b = 0 \Rightarrow b = -a & a \cdot b = 1 \Rightarrow b = 1/a \end{array}$$

$$a \cdot (b + c) = a \cdot b + a \cdot c$$

Queste proprietà vengono dette, nell'ordine, di *commutatività, associatività*, di *esistenza degli elementi neutri*, di *esistenza degli elementi inversi*, e di *distributività*. Un insieme con due operazioni che soddisfino tali proprietà è detto un *corpo* (nel nostro caso abbiamo dunque il corpo dei razionali e il corpo dei reali).

Identità notevoli. $\forall a, b, c \in \mathbb{R}$:

$$(a + b)^2 = a^2 + 2ab + b^2$$

$$(a - b)^2 = a^2 - 2ab + b^2$$

$$(a + b + c)^2 = a^2 + b^2 + c^2 + 2ab + 2ac + 2bc$$

$$(a + b)(a - b) = a^2 - b^2$$

$$(a + b)^3 = a^3 + 3a^2b + 3ab^2 + b^3$$

$$(a - b)^3 = a^3 - 3a^2b + 3ab^2 - b^3$$

$$(a - b)(a^2 + ab + b^2) = a^3 - b^3$$

$$(a + b)(a^2 - ab + b^2) = a^3 + b^3$$

Binomio di Newton. $\forall a, b, c \in \mathbb{R}$:

$$(a + b)^n = \sum_{p=0}^{n} \binom{n}{p} a^{n-p} \, b^p$$

dove $\binom{n}{p} = C_n^p$ sono i coefficienti binomiali (si veda la sezione 1.12).

1.3 Relazione d'ordine e insiemi ordinati

Sia E un insieme e R una relazione su E. R è una *relazione d'ordine* se $\forall x, y, z \in E$:

$$xRx \qquad \text{(riflessività)},$$
$$xRy \text{ e } yRx \implies x = y \qquad \text{(simmetria)},$$
$$xRy \text{ e } yRz \implies xRz \qquad \text{(transitività)}.$$

La coppia (E, R) si chiama *insieme ordinato*.

Esempi. Costituiscono insiemi ordinati $(\mathbb{N}, \leqslant)$, $(\mathbb{Z}, \leqslant)$, $(\mathbb{Q}, \leqslant)$ e $(\mathbb{R}, \leqslant)$. Per analogia, spesso si denota una R generica con $\leqslant$.
Si dice che $x < y$ se $x \leqslant y$ e $x \neq y$, mentre si dice che $x > y$ se $y < x$. Per i tre insiemi ordinati citati, le relazioni $x < y, x = y$ o $x > y$ sono mutuamente esclusive.

Proprietà di monotonia. $\forall x, y, z \in \mathbb{R}$:

$$x \leqslant y \quad \Rightarrow x + z \leqslant y + z \,,$$
$$0 \leqslant x \text{ e } 0 \leqslant y \Rightarrow \quad 0 \leqslant xy$$

1.4 Divisione fra polinomi

Metodo standard.

$$
\begin{array}{rrrrrr|l}
3x^4 & -\ 7x^3 & +\ 4x^2 & & +\ 4 & & \,x - 2 \\
3x^4 & -\ 6x^3 & & & & & \,3x^3 - x^2 + 2x + 4 \\
\hline
 & -\ x^3 & & & & \\
 & -\ x^3 & +\ 2x^2 & & & \\
\hline
 & & 2x^2 & & & \\
 & & 2x^2 & -\ 4x & & \\
\hline
 & & & 4x & & \\
 & & & 4x & -\ 8 & \\
\hline
 & & & & 12 & \\
\end{array}
$$

Un caso particolare è quello della divisione di un polinomio $P(x)$ per un monomio $(x - x_0)$: in tal caso, esiste un metodo alternativo, detto *metodo di Horner*, che permette di ottenere velocemente i coefficienti del quoziente. Dalla rappresentazione

$$P(x) = a_n x^n + \cdots + a_1 x + a_0 = (x - x_0)\left(b_n x^{n-1} + \cdots + b_2 x + b_1\right) + b_0,$$

si deduce che $a_n = b_n$ e che, per $k = n - 1, \ldots, 0, a_k = b_k - x_0 b_{k+1}$, ovvero la relazione di ricorrenza

$$b_k = a_k + x_0 b_{k+1}, \quad k = n - 1, n - 2, \ldots, 0.$$

L'algoritmo si può utilizzare costruendo una tabella di 3 righe e $n + 1$ colonne, essendo n il grado di $P(x)$. Si riportano sulla prima riga, cominciando a partire dalla prima colonna, i coefficienti $a_n, a_{n-1}, \ldots, a_1, a_0$. La seconda riga è costituita dai numeri $0, x_0 b_n, \ldots, x_0 b_1$ e l'ultima da $b_n = a_n, b_{n-1}, \ldots, b_0 = P(x_0)$.

Esempio. $P(x) = 3x^4 - 7x^3 + 4x^2 + 4$ e $x_0 = 2$

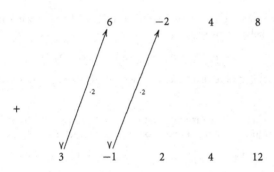

$$3x^4 - 7x^3 + 4x^2 + 4 = (x - 2) \cdot (3x^3 - x^2 + 2x + 4) + 12.$$

L'ultimo termine della terza riga è $P(x_0)$, ossia $P(2) = 12$.

Definizione.
Un polinomio $P(x)$ è divisibile per un polinomio $D(x)$ se esiste un polinomio $Q(x)$ tale che $P(x) = D(x) \cdot Q(x)$ per ogni $x \in \mathbb{R}$.

Proprietà.
Se un polinomio $P(x)$ si annulla in $a \in \mathbb{R}$ (ovvero a è una radice dell'equazione $P(a) = 0$), allora è divisibile per $x - a$.

1.5 Scomposizione in razionali fratti semplici

Si consideri la funzione razionale fratta $\dfrac{P(x)}{Q(x)}$, ove P e Q sono polinomi. Se il grado di $P(x)$ è maggiore o uguale a quello di $Q(x)$, sia $R(x)$ il resto della divisione di P per Q. Risulta allora possibile scomporre la funzione razionale $\dfrac{R(x)}{Q(x)}$ in fratti (o elementi) semplici di prima e seconda specie. Nello specifico, a ciascuno dei polinomi $(x-a)^n$ della fattorizzazione di $Q(x)$ corrisponde una somma di termini detti *fratti (o elementi) semplici di prima specie*, della forma

$$\sum_{i=1}^{n} \frac{A_i}{(x-a)^i} \,, \quad A_i \in \mathbb{R}.$$

Analogamente, a ogni polinomio irriducibile $(x^2+bx+c)^m$ della fattorizzazione di $Q(x)$ tale che $\Delta = b^2 - 4c < 0$, corrisponde una somma di elementi detti *fratti (o elementi) semplici di seconda specie*, della forma

$$\sum_{j=1}^{m} \frac{B_j x + C_j}{(x^2 + bx + c)^j} \,, \quad B_j, C_j \in \mathbb{R}.$$

Osservazione. Si può provare che ogni polinomio $Q(x)$ può fattorizzarsi in maniera unica in $\mathbb{R}$ nella forma seguente:

$$Q(x) = (x - a_1)^{k_1} \cdots (x - a_m)^{k_m} \cdot (x^2 + b_1 x + c_1)^{l_1} \cdots (x^2 + b_n x + c_n)^{l_n},$$

dove $k_1, \ldots k_m, l_1, \ldots l_n \in \mathbb{N}^*$ e risulta: $k_1 + \cdots + k_m + 2(l_1 + \cdots + l_n) =$ grado di Q.

Esempio. Si consideri la funzione razionale fratta $\frac{6x^6 + x^5 - 2x^4 + x + 5}{x^4 - x^3 - x + 1}$. Si può effettuare la divisione fra polinomi tramite il metodo standard ottenendo:

$$\frac{6x^6 + x^5 - 2x^4 + x + 5}{x^4 - x^3 - x + 1} = 6x^2 + 7x + 5 + \frac{11x^3 + x^2 - x}{x^4 - x^3 - x + 1}.$$

La frazione $\frac{11x^3 + x^2 - x}{x^4 - x^3 - x + 1}$ può scomporsi in somma di fratti semplici. Osserviamo anzitutto che $x^4 - x^3 - x + 1 = (x - 1)^2 (x^2 + x + 1)$. Avremo quindi

$$\frac{11x^3 + x^2 - x}{x^4 - x^3 - x + 1} = \frac{A_1}{x - 1} + \frac{A_2}{(x - 1)^2} + \frac{B_1 x + C_1}{x^2 + x + 1}.$$

Possiamo trovare quindi i coefficienti A_1, A_2, B_1 e C_1 sommando gli elementi semplici e imponendo l'uguaglianza dei numeratori da una parte e dall'altra:

$$A_1(x - 1)(x^2 + x + 1) + A_2(x^2 + x + 1) + (B_1 x + C_1)(x - 1)^2$$
$$= 11x^3 + x^2 - x. \quad (*)$$

Siamo quindi ricondotti a risolvere un sistema lineare di quattro equazioni in quattro incognite:

$$\begin{cases} A_1 + B_1 = 11 \\ A_2 - 2B_1 + C_1 = 1 \\ A_2 + B_1 - 2C_1 = -1 \\ -A_1 + A_2 + C_1 = 0 \end{cases}$$

le cui soluzioni sono $A_1 = \frac{23}{3}, A_2 = \frac{11}{3}, B_1 = \frac{10}{3}$ e $C_1 = 4$.

Osservazione. Si possono semplificare i calcoli, ponendo $x = 1$ nella identità polinomiale precedente: in tal modo si trova $3A_2 = 11$, da cui il valore di A_2.

1.6 Potenze e radici

Proprietà. $\forall x$ reale positivo e r, s razionali:

$$\begin{aligned} x^0 &= 1 \\ x^{p/q} &= \sqrt[q]{x^p} \quad (p \in \mathbb{N}, \ q \in \mathbb{N}^*) \\ x^r \cdot x^s &= x^{(r+s)} \\ (x^r)^s &= x^{(r \cdot s)} \end{aligned}$$

Esempio. $3^{0,75} = 3^{3/4} = (3^3)^{1/4} = \sqrt[4]{27}$.

1.7 Esponenziale e logaritmo

Numero di Eulero.

$$e := \lim_{n \to \infty} (1 + \frac{1}{n})^n \approx 2,71828$$

Esponenziale

L'*esponenziale di base* $a > 0$, indicato con a^x, è una funzione che gode delle seguenti proprietà.

Proprietà. $\forall x, y \in \mathbb{R}$:

$$a^x \cdot a^y = a^{(x+y)}$$
$$\frac{a^x}{a^y} = a^{(x-y)}$$
$$(a^x)^y = a^{(x \cdot y)}$$

In particolare, si chiama *esponenziale* di x la funzione e^x.

Logaritmo naturale.

Il *logaritmo naturale di* $x > 0$, indicato con $\ln x$, è quella funzione tale che

$$e^{\ln x} = x, \quad \forall x > 0.$$

Proprietà. Si ha

$$\ln(1) = 0, \quad \ln(e) = 1, \quad (e \approx 2,71828)$$

e, $\forall x, y > 0$,

$$\ln(x \cdot y) = \ln x + \ln y,$$
$$\ln\left(\frac{x}{y}\right) = \ln x - \ln y.$$

Inoltre, $\forall x > 0, \forall y \in \mathbb{R}$:

$$\ln(x^y) = y \ln(x),$$
$$\ln(e^y) = y.$$

Logaritmo in base $a > 0$, $a \neq 1$

Si definisce poi *logaritmo in base* a di $x > 0$, e lo si indica con $\log_a(x)$, la funzione

$$\log_a(x) = \frac{\ln(x)}{\ln(a)} \quad \text{che verifica } a^{\log_a(x)} = x.$$

In genere con $\log(x)$ si intende il logaritmo in base 10 di x.

Per ulteriori proprietà delle funzioni esponenziali e logaritmiche si veda il capitolo 3.

1.8 Intervalli

Sia $A \neq \emptyset$ un sottoinsieme dell'insieme ordinato dei reali $\mathbb{R}$.

Minorante
Si dice che A è *limitato inferiormente* se esiste $a \in \mathbb{R}$ tale che per ogni $x \in A$ si ha $x \geq a$. Il numero a si dirà allora un *minorante* di A.

Maggiorante
Si dice che A è *limitato superiormente* se esiste $b \in \mathbb{R}$ tale che per ogni $x \in A$ si ha $x \leq b$. Il numero b si dirà allora un *maggiorante* di A.

Sottoinsieme limitato
A è detto *limitato* se è limitato inferiormente e superiormente.

Estremo inferiore
L'*estremo inferiore* di A, indicato con $a = \inf A$, è il più grande dei minoranti di A. Se A non è limitato inferiormente, si pone $\inf A = -\infty$.

Estremo superiore
L'*estremo superiore* di A, indicato con $b = \sup A$, è il più piccolo dei maggioranti di A. Se A non è limitato superiormente, si pone $\sup A = +\infty$.

Minimo
Se l'estremo inferiore $a = \inf A$ appartiene ad A, allora a si dirà il *minimo* di A, e lo si indicherà con $a = \min A$.

Massimo
Se l'estremo superiore $b = \sup A$ appartiene ad A, allora b si dirà il *massimo* di A, e lo si indicherà con $b = \max A$.

Intervalli limitati
Un intervallo è un sottoinsieme $A \neq \emptyset$ di $\mathbb{R}$ contenente tutti i numeri fra $\inf A$ e $\sup A$. Per gli intervalli limitati, si hanno quattro casi diversi a seconda che $a = \inf A$ e $b = \sup A$ appartengano o meno all'intervallo. Siano $-\infty < a < b < +\infty$.

Intervallo aperto:	$]a, b[$	$=$	$\{x \in \mathbb{R} : a < x < b\}.$
Intervallo chiuso:	$[a, b]$	$=$	$\{x \in \mathbb{R} : a \leq x \leq b\}.$
Intervallo aperto a sinistra:	$]a, b]$	$=$	$\{x \in \mathbb{R} : a < x \leq b\}.$
Intervallo aperto a destra:	$[a, b[$	$=$	$\{x \in \mathbb{R} : a \leq x < b\}.$

Intervalli illimitati

Intervallo aperto: $\qquad]-\infty, b[\;=\; \{x \in \mathbb{R} : x < b\}.$

Intervallo chiuso (a sinistra): $\quad [a, +\infty[\;=\; \{x \in \mathbb{R} : x \geqslant a\}.$

Osservazione. A seconda dei casi, $\mathbb{R}$ può considerarsi come un insieme aperto o chiuso.

1.9 Valore assoluto

Ad ogni reale x, si associa il numero reale non negativo definito da

$$|x| = \begin{cases} x & \text{se } x \geq 0, \\ -x & \text{altrimenti} \end{cases}$$

e $|x|$ è detto *valore assoluto* di x.

Ne segue che

$$|x| < a \Leftrightarrow -a < x < a \quad \text{e} \quad |x| \leqslant a \Leftrightarrow -a \leqslant x \leqslant a$$

$$|x| > a \Leftrightarrow x < -a \text{ o } x > a \quad \text{e} \quad |x| \geqslant a \Leftrightarrow x \leqslant -a \text{ o } x \geqslant a.$$

Proprietà. $\forall x, y \in \mathbb{R}$ si ha:

Omogeneità:	$|xy| = |x||y|.$
Diseguaglianza triangolare:	$|x + y| \leqslant |x| + |y|.$
Positività:	$|x| \geqslant 0$ e
	$|x| = 0 \Leftrightarrow x = 0.$

Conseguenze.

- Se $y \neq 0$, $\left|\dfrac{x}{y}\right| = \dfrac{|x|}{|y|}.$
- $\big||x| - |y|\big| \leqslant |x - y|.$

1.10 Tecniche di dimostrazione

1.10.1 Dimostrazione diretta

Consiste nel dimostrare la proposizione enunciata (un teorema, ad esempio) partendo direttamente dalle ipotesi e provando la tesi attraverso una sequenza di implicazioni logiche.

Esempio. Sia n un intero non negativo ($n \in \mathbb{N}$), e sia $P(n) = n^2 + 7n + 12$. Allora non esiste alcun n tale che $\sqrt{P(n)} \in \mathbb{N}$.

Dimostrazione. Per ogni n, $n^2 + 6n + 9 < n^2 + 7n + 12 < n^2 + 8n + 16$,

$$\text{da cui } (n+3)^2 < P(n) < (n+4)^2,$$

$$\text{dunque } |n+3| < \sqrt{P(n)} < |n+4|.$$

Dato che $n + 3 > 0$, ne consegue

$$n + 3 < \sqrt{P(n)} < (n+3) + 1 \quad \text{e quindi } \sqrt{P(n)} \notin \mathbb{N} \qquad \text{cvd.}$$

1.10.2 Dimostrazione per assurdo (o indiretta)

Consiste nel supporre la negazione della tesi e nel provare che questo conduce a una contraddizione (impossibilità).

Esempio. Sia $P(n) = n^2 + 2n - 21$; allora $\sqrt{P(n)} \notin \mathbb{N}$.

Dimostrazione. Supponiamo per assurdo che esista un certo $n \in \mathbb{N}$ tale che $P(n)$ sia un quadrato perfetto. Allora: $n^2 + 2n - 21 = (p+1)^2 = p^2 + 2p + 1$, $p \in \mathbb{N}$, pertanto

$$n^2 - p^2 + 2(n-p) = 22 \Rightarrow \underbrace{(n-p)}_{\in \mathbb{N}} \cdot \underbrace{(n+p+2)}_{\in \mathbb{N}} = 22 = 1 \cdot 22 = 2 \cdot 11.$$

$$\left. \begin{array}{ccccc} n+p+2 & = & 22 & & 11 \\ & & & \text{o} & \\ n-p & = & 1 & & 2 \end{array} \right\} \Rightarrow 2p+2 = 21 \text{ o } 9$$

$$\Rightarrow p = \frac{19}{2} \text{ o } \frac{7}{2} \notin \mathbb{N}, \text{ contraddizione.}$$

1.10.3 Dimostrazione per induzione (o per ricorrenza)

La si usa quando la proposizione da dimostrare fa intervenire (direttamente o indirettamente) i numeri naturali, in particolare quando il risultato è espresso in funzione di un indice $n \in \mathbb{N}^*$.

Metodo. Dapprima si prova che la proprietà è *vera per* $n = 1$ (o più in generale per un indice $N_0 \in \mathbb{N}$); dopodiché, *ammettendo* che la proprietà *sia vera per* n, $n \geq 1$ (o per $n \geq N_0$), si *dimostra che allora essa è vera anche per* $n + 1$.

Esempio. Provare che

$$S(n) = 1^2 + 2^2 + \ldots + n^2 = \frac{1}{6}n(n+1)(2n+1). \qquad (**)$$

Dimostrazione. La proprietà è vera per $n = 1$, essendo

$$1^2 = \frac{1}{6} \cdot 1 \cdot 2 \cdot 3 \quad \Longrightarrow \quad 1 = 1.$$

Ammettiamo che la proprietà sia vera per n; allora

$$S(n+1) = 1^2 + 2^2 + \ldots + n^2 + (n+1)^2 = S(n) + (n+1)^2$$
$$= \frac{1}{6}n(n+1)(2n+1) + (n+1)^2$$
$$= \frac{1}{6}(n+1)(2n^2 + 7n + 6) = \frac{1}{6}(n+1)(n+2)(2n+3)$$
$$= \frac{1}{6}(n+1)[(n+1)+1][2(n+1)+1];$$

si tratta della $(**)$, con $n+1$ al posto di n; cvd.

Attenzione. È necessario mostrare che la proprietà è vera per $n = 1$. Il solo fatto di ammettere il risultato vero per n e provare che allora esso è vero anche per $n+1$, *non è sufficiente!*

Controesempio. Sia

$$S(n) = -1 + 3 \cdot 2 - 3 + 3 \cdot 4 - 5 + 3 \cdot 6 - \ldots - (2n-1) + 3 \cdot 2n.$$

Ammettiamo che $S(n) = (n+1)(2n+1)$. Allora,

$$S(n+1) = S(n) - (2n+1) + 3 \cdot 2(n+1)$$
$$= (n+1)(2n+1) - (2n+1) + 6n + 6$$
$$= 2n^2 + 7n + 6$$
$$= (n+2)(2n+3)$$
$$= [(n+1)+1][2(n+1)+1].$$

Peraltro abbiamo che $S(1) = -1 + 6 \neq 2 \cdot 3$ (!)

1.10.4 Il ruolo delle ipotesi, condizioni necessarie e sufficienti

Non è detto che se le ipotesi non sono verificate allora neanche le conclusioni lo siano!

Esempio.

Ipotesi: sia $x = 10n$, $n \in \mathbb{N}^*$.   Tesi: x è divisibile per 5.

Il numero 15 non soddisfa l'ipotesi. Tuttavia, esso è divisibile per 5.

Siano A, B, e C degli enunciati (proprietà); indichiamo rispettivamente con $\bar{A}$, $\bar{B}$, e $\bar{C}$ le negazioni di A, B e C. In generale, se $A \Rightarrow B$, allora $\bar{B} \Rightarrow \bar{A}$ (non B implica non A), ma $\bar{A} \not\Rightarrow \bar{B}$.

Si può provare che $(A \text{ o } B) \Rightarrow C$ dimostrando che $A \Rightarrow C$ o $B \Rightarrow C$.
Si può provare che $A \Rightarrow (B \text{ e } C)$ se si dimostra che $A \Rightarrow B$ e $A \Rightarrow C$.
Inoltre, $(A \text{ e } B) \Rightarrow C$ è dimostrata una volta che si prova $(A \text{ e } \bar{C}) \Rightarrow \bar{B}$.
Infine, si può provare che $(A \text{ e } B) \Rightarrow C$ dimostrando che esiste una proprietà D tale che $(A \text{ e } B \text{ e } \bar{C}) \Rightarrow (D \text{ e } \bar{D})$.

Condizioni necessarie e sufficienti
Esempio. Le condizioni seguenti sono vere se si vuole che un numero sia divisibile per 6.

Condizione necessaria: deve essere divisibile per 2.
Condizione sufficiente: deve essere divisibile per 12.
Condizione necessaria e sufficiente: deve essere divisibile per 2 e per 3.

Esempio. Le condizioni seguenti sono vere se si vuole che un quadrilatero Q sia un rombo.

Condizione necessaria: Q è un parallelogramma.
Condizione sufficiente: Q è un quadrato.
Condizione necessaria e sufficiente: le diagonali di Q si intersecano ortogonalmente nei loro punti medi.

1.11   Nozioni di teoria degli insiemi

Siano $\mathcal{A}$, $\mathcal{B}$ e $\mathcal{C}$ degli insiemi. Ricordiamo le seguenti definizioni:
Inclusione: $\mathcal{A} \subset \mathcal{B} \Leftrightarrow \forall a \in \mathcal{A} \Rightarrow a \in \mathcal{B}$.
Intersezione: $x \in \mathcal{A} \cap \mathcal{B} \Leftrightarrow x \in \mathcal{A}$ e $x \in \mathcal{B}$.
Unione: $x \in \mathcal{A} \cup \mathcal{B} \Leftrightarrow x \in \mathcal{A}$ o $x \in \mathcal{B}$.
Complementare: $x \in \bar{\mathcal{A}} \Leftrightarrow x \notin \mathcal{A}$ (a volte $\bar{\mathcal{A}}$ si indica con $\mathcal{A}^c$).
Cardinalità di un insieme finito: card$(\mathcal{A})$ = numero di elementi dell'insieme $\mathcal{A}$.

Osservazione. $\mathcal{A} = \mathcal{B}$ se e solamente se $\mathcal{A} \subset \mathcal{B}$ e $\mathcal{B} \subset \mathcal{A}$.

Proprietà.

Commutatività
$$\mathcal{A} \cap \mathcal{B} = \mathcal{B} \cap \mathcal{A} \quad \text{e} \quad \mathcal{A} \cup \mathcal{B} = \mathcal{B} \cup \mathcal{A}$$
Associatività
$$\mathcal{A} \cap (\mathcal{B} \cap \mathcal{C}) = (\mathcal{A} \cap \mathcal{B}) \cap \mathcal{C} \quad \text{e} \quad \mathcal{A} \cup (\mathcal{B} \cup \mathcal{C}) = (\mathcal{A} \cup \mathcal{B}) \cup \mathcal{C}$$
Distributività
$$\mathcal{A} \cap (\mathcal{B} \cup \mathcal{C}) = (\mathcal{A} \cap \mathcal{B}) \cup (\mathcal{A} \cap \mathcal{C}) \quad \text{e} \quad \mathcal{A} \cup (\mathcal{B} \cap \mathcal{C}) = (\mathcal{A} \cup \mathcal{B}) \cap (\mathcal{A} \cup \mathcal{C})$$
Leggi di de Morgan
$$(\mathcal{A} \cup \mathcal{B})^c = \mathcal{A}^c \cap \mathcal{B}^c \quad \text{e} \quad (\mathcal{A} \cap \mathcal{B})^c = \mathcal{A}^c \cup \mathcal{B}^c$$

Differenza: $\mathcal{A} \setminus \mathcal{B} = \mathcal{A} \cap \mathcal{B}^c$.
Differenza simmetrica: $\mathcal{A} \triangle \mathcal{B} = (\mathcal{A} \cup \mathcal{B}) \setminus (\mathcal{A} \cap \mathcal{B}) = (\mathcal{A} \cap \mathcal{B}^c) \cup (\mathcal{A}^c \cap \mathcal{B})$.
Principio d'inclusione-esclusione:
$$\text{card}(\mathcal{A} \cup \mathcal{B}) = \text{card}(\mathcal{A}) + \text{card}(\mathcal{B}) - \text{card}(\mathcal{A} \cap \mathcal{B}).$$
Prodotto cartesiano: $\mathcal{A} \times \mathcal{B} = \{(a, b) \mid a \in A \text{ e } b \in \mathcal{B}\}$;
$$\text{card}(\mathcal{A} \times \mathcal{B}) = \text{card}(\mathcal{A}) \cdot \text{card}(\mathcal{B}).$$

1.12 Introduzione al calcolo combinatorio

Permutazioni.
Il numero di possibilità con cui si possono ordinare n oggetti distinti è

$$P_n = A_n^n = n!$$

Disposizioni semplici di _p_ oggetti di classe _n_.

Il numero di modi diversi con cui si possono scegliere p oggetti fra n dati, tenendo conto dell'ordine, è

$$A_n^p = n(n-1)\dots(n-p+1) = \frac{n!}{(n-p)!}.$$

Combinazioni semplici di _p_ oggetti di classe _n_.

Se non si tiene conto dell'ordine, allora il numero di modi diventa

$$C_n^p = \binom{n}{p} = \frac{n!}{p!(n-p)!}.$$

Proprietà.

$$C_n^0 = C_n^n = 1 \qquad\qquad \binom{n}{0} = \binom{n}{n} = 1$$

$$C_n^p = C_n^{n-p} \qquad \text{ovvero} \quad \binom{n}{p} = \binom{n}{n-p}$$

$$C_n^p = C_{n-1}^{p-1} + C_{n-1}^p \qquad\qquad \binom{n}{p} = \binom{n-1}{p-1} + \binom{n-1}{p}$$

Triangolo di Pascal (o di Tartaglia)

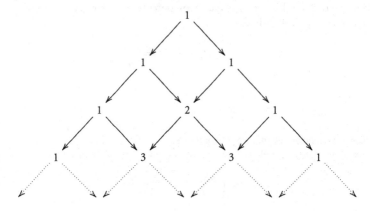

Osservazione. Dalla formula del binomio di Newton si ha che $\displaystyle\sum_{k=0}^{n} C_n^k = 2^n$.

Osservazione.
Se si effettuano p estrazioni fra n oggetti rimettendo ad ogni estrazione l'oggetto estratto, il numero di possibilità aumenta.
In tal caso si ottiene:

$$A_n^{'p} = n^p \qquad \text{e} \qquad C_n^{'p} = C_{n+p-1}^p = \frac{(n+p-1)!}{p!(n-1)!}.$$

Modi di estrarre n_i volte l'i-esimo oggetto, $i = 1, 2 \ldots, k$:

$$P_n'(n_1, n_2, \ldots, n_k) = \frac{(n_1 + n_2 + \cdots + n_k)!}{n_1! n_2! \cdots n_k!}.$$

1.13 Introduzione all'insieme $\mathbb{C}$ dei numeri complessi

Un numero complesso z si scrive nella forma $z = x + iy$ ove $(x, y) \in \mathbb{R}^2$ e $i^2 = -1$. Il numero reale x è detto *parte reale* di z, il numero reale y *parte immaginaria* di z, e si scrive $x = \text{Re } z, y = \text{Im } z$; l'insieme dei numeri complessi si denota con $\mathbb{C}$. Due complessi $z_1 = x_1 + iy_1$ e $z_2 = x_2 + iy_2$ sono uguali se e solamente se $x_1 = x_2$ e $y_1 = y_2$.

Osservazione. Se $\text{Im}\, z = 0$ allora $z \in \mathbb{R}$, e si ha

$$\mathbb{N} \subset \mathbb{Z} \subset \mathbb{Q} \subset \mathbb{R} \subset \mathbb{C}.$$

L'insieme $\mathbb{C}$ viene usualmente rappresentato identificandolo al piano $\mathbb{R}^2$ munito di un sistema di riferimanto ortogonale, chiamato *piano complesso*; ogni complesso $z = x + iy$ è rappresentato dal punto di coordinate (x, y) come indicato nella fig. 1.1.

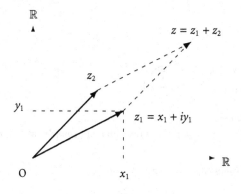

Figura 1.1

1.13.1 Operazioni su $\mathbb{C}$

Siano $z_i \in \mathbb{C}$, e $x_i = \text{Re}\, z_i, y_i = \text{Im}\, z_i, i = 1, 2$. Ricordiamo le definizioni delle operazioni seguenti:

$$z_1 + z_2 = (x_1 + x_2) + i(y_1 + y_2)$$
$$z_1 \cdot z_2 = (x_1 x_2 - y_1 y_2) + i(x_1 y_2 + x_2 y_1)$$

In particolare:
$$i^2 = -1, \quad i^3 = -i, \quad i^4 = 1, \quad i^5 = i, \dots$$

Modulo

Se $z = x + iy$, il numero reale $|z| = \sqrt{x^2 + y^2}$ è detto *modulo* di z. Se $z \in \mathbb{R}$, $|z|$ è uguale al valore assoluto ($\sqrt{x^2} = |x|$). Nel piano complesso, $|z|$ rappresenta la distanza del punto z dall'origine 0.

Proprietà del modulo. $\forall z, z_1, z_2 \in \mathbb{C}$ si ha:

1. Positività: $|z| \geq 0$ e $|z| = 0 \Leftrightarrow z = 0$.
2. Omogeneità: $|z_1 z_2| = |z_1||z_2|$.
3. Disuguaglianza triangolare: $|z_1 + z_2| \leq |z_1| + |z_2|$.

Conseguenze.

- Se $z_2 \neq 0$, $\left|\frac{z_1}{z_2}\right| = \frac{|z_1|}{|z_2|}$.
- $\big||z_1| - |z_2|\big| \leq |z_1 - z_2|$.

Complesso coniugato

Dato $z = x + iy$, il numero $\bar{z} = x - iy$ è chiamato *complesso coniugato* di z.

Proprietà del coniugato. $\forall z, z_1, z_2 \in \mathbb{C}$ si ha:

1. $\bar{\bar{z}} = z$.
2. $\overline{z_1 + z_2} = \bar{z}_1 + \bar{z}_2$.
3. $\overline{z_1 \cdot z_2} = \bar{z}_1 \cdot \bar{z}_2$.
4. Se $z_2 \neq 0$, $\overline{\left(\frac{z_1}{z_2}\right)} = \frac{\bar{z}_1}{\bar{z}_2}$.
5. $z \cdot \bar{z} = |z|^2$ e $|\bar{z}| = |z|$.
6. Se $z \neq 0$, $z^{-1} = \frac{1}{z} = \frac{\bar{z}}{|z|^2}$.
7. $\mathrm{Re}\, z = \frac{z + \bar{z}}{2}$ $\mathrm{Im}\, z = \frac{z - \bar{z}}{2i}$.

1.13.2 Rappresentazione polare dei numeri complessi

Sia $z = x + iy \neq 0$. Allora $|z| = r \neq 0$ e $\frac{z}{r}$ corrisponde a un punto sul cerchio unitario. Esiste dunque un unico θ nell'intervallo $[0, 2\pi[$ tale che

$$\begin{cases} x = r\cos\theta \\ y = r\sin\theta \end{cases}.$$

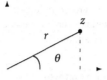

Figura 1.2

θ è detto *argomento* di z e viene indicato con $\theta = \arg z$. Viceversa, una coppia (r, θ) determina un unico complesso z (si veda la fig. 1.2).

Osservazione. (r, θ'), con $\theta' = \theta + 2k\pi, k \in \mathbb{Z}$, determina un complesso z' uguale a z.

Ogni complesso $z \neq 0$ si può dunque scrivere in forma polare:

$$z = r(\cos \theta + i \sin \theta)$$

ove $r = |z|$ e $\theta = \arg z$.

Formula di Moivre. $\forall n \in \mathbb{N}, \theta \in \mathbb{R}$:

$$(\cos \theta + i \sin \theta)^n = \cos n\theta + i \sin n\theta.$$

La formula di Moivre vale anche per $n \in \mathbb{Z}$.

Calcoli in rappresentazione polare. Sia $z_k = r_k(\cos \theta_k + i \sin \theta_k)$, $k = 1, 2$.

1. $\bar{z}_k = r_k(\cos \theta_k - i \sin \theta_k)$.
2. Se $z_k \neq 0$, $\frac{1}{z_k} = \frac{1}{r_k}(\cos \theta_k - i \sin \theta_k)$.
3. $z_1 \cdot z_2 = r_1 r_2 \big(\cos(\theta_1 + \theta_2) + i \sin(\theta_1 + \theta_2)\big)$.
4. $\arg(z_1 \cdot z_2) = \arg z_1 + \arg z_2 + 2k\pi, \quad k \in \mathbb{Z}$.

La moltiplicazione per un numero complesso $z = r(\cos\theta + i\sin\theta) \neq 0$ corrisponde dunque a un'omotetia di centro O e di coefficiente r seguita da una rotazione sempre di centro O e angolo θ.

1.13.3 Radici di un numero complesso

Proposizione. Siano $s > 0$, $\beta \in \mathbb{R}$ e n intero positivo. L'equazione

$$z^n = s(\cos\beta + i\sin\beta)$$

ammette esattamente n soluzioni distinte, ovvero

$$z = \sqrt[n]{s} \cdot (\cos\theta + i\sin\theta) \quad \text{ove} \quad \theta = \frac{\beta + 2k\pi}{n}, \quad k = 0, 1, \ldots, n-1.$$

Radice quadrata (espressione algebrica).
Le soluzioni dell'equazione $z^2 = a + ib$, $b \neq 0$ sono

$$z = \pm\left[\text{sgn}\,b\sqrt{\frac{1}{2}(\sqrt{a^2 + b^2} + a)} + i\sqrt{\frac{1}{2}(\sqrt{a^2 + b^2} - a)}\right].$$

(Si veda la sezione 3.3 per la funzione segno, sgn.)

Soluzioni

Soluzione 1.1. Siano N' e N'' due numeri dispari consecutivi. Allora esiste $n \in \mathbb{N}^*$ tale che $N' = 2n - 1$ e $N'' = 2n + 1$, da cui $N' + N'' = 4n$, ovvero è un multiplo di 4.

Soluzione 1.2. Denotiamo con $S(n)$ la somma cercata: abbiamo

$$S(n) = 1 + 3 + 5 + \cdots + (2n - 1) = \frac{n}{2}(1 + 2n - 1) = n^2.$$

In effetti $S(1) = 1 = 1^2$, e $S(n + 1) = S(n) + (2n + 1) = n^2 + 2n + 1 = (n + 1)^2$.

Soluzione 1.3.

a) Si ha $P(m + 1) = (m + 1)^2 - 2(m + 2)(m + 1) + (m^2 + 4m + 3) = m^2 + 2m + 1 - 2(m^2 + 3m + 2) + m^2 + 4m + 3 = 0$.

b) $P(x)$ si annulla in $x = (m + 1)$; dunque è divisibile per $x - (m + 1)$.

c) Si divide $P(x)$ per $x - m - 1$ e si ottiene: $P(x) = (x - m - 1)(x - m - 3)$.

d) Essendo le radici di P date da $m + 1$ e $m + 3$, la condizione imposta implica $m \in \{-1, 0, 1, 2\}$.

Soluzione 1.4. Ogni numero naturale N si scrive in maniera unica come segue:

$$N = a_n \cdot 10^n + a_{n-1} \cdot 10^{n-1} + \cdots + a_2 \cdot 10^2 + a_1 \cdot 10 + a_0$$

ove $a_n, a_{n-1}, \ldots, a_0 \in \{0, 1, 2, 3, 4, 5, 6, 7, 8, 9\}$. Allora,

$$\begin{aligned} N = &a_n(10^n - 1) + a_{n-1}(10^{n-1} - 1) + \cdots \\ &+ a_2(10^2 - 1) + a_1(10 - 1) + a_n + \cdots \\ &+ a_1 + a_0. \end{aligned}$$

Per $k \in \{1, \ldots, 9\}$, $(10^k - 1)$ è divisibile per 9. Quindi se $a_n + \cdots + a_0$ è divisibile per 9, allora N è divisibile per 9.
In modo analogo, se $a_n + \cdots + a_0$ è divisibile per 3, allora lo è anche N.

Soluzione 1.5. Si deve risolvere il sistema seguente:

$$\begin{cases} a + b = d' \\ a - b = d'' \end{cases},$$

ove $d' > d''$ sono interi tali che $d'd'' = c^2$. Per $c = 34$, si ottiene $(a, b) = (290, 288)$ e per $c = 35$, si ha:

$$(a, b) \in \{(613, 612), (125, 120), (91, 84), (37, 12)\}.$$

Soluzione 1.6. Se si suppone che $\sqrt[3]{333} = \dfrac{a}{b}$, ove $a, b \in \mathbb{N}^*$ sono primi fra loro (1), allora $333b^3 = a^3$, da cui 3 risulta divisore di a^3; quindi 3 è anche divisore di a. Si scrive $a = 3a'$, $a' \in \mathbb{N}^*$ e si ha $333b^3 = 27a'^3$ o anche $37b^3 = 3a'^3$ che implica che 3 divide b^3; perciò 3 divide b. Ne consegue che a e b hanno un divisore comune > 1, il che contraddice (1).

Soluzione 1.7. Si ha: $\sqrt{3} - r = \sqrt[3]{2}$, dunque $r^3 + 9r + 2 = (3r^2 + 3)\sqrt{3}$ ovvero $\dfrac{r^2 + 9r + 2}{3(r^2 + 1)} = \sqrt{3}$. Se $r \in \mathbb{Q}$, allora la frazione è razionale, il che è impossibile in quanto $\sqrt{3} \notin \mathbb{Q}$; pertanto $r \notin \mathbb{Q}$.

Soluzione 1.8.

a) Per eliminare i radicali al denominatore, si moltiplichino numeratore e denominatore per $2\sqrt{5} + 3\sqrt{2}$; si ottiene allora

$$r = \frac{1}{2}(\sqrt{5} + 2\sqrt{2})(2\sqrt{5} + 3\sqrt{2}) = 11 + \frac{7}{2}\sqrt{10}.$$

b) Applicando una trasformazione come in a), si può scrivere $r_2 = \sqrt{14} + \sqrt{6}$. Si deve avere $(\sqrt{\dfrac{7}{2}} + q\sqrt{\dfrac{3}{2}})(\sqrt{14} + \sqrt{6}) = q' \in \mathbb{Q}$ da cui $(\sqrt{7} + q\sqrt{3})(\sqrt{7} + \sqrt{3}) = q'$ e $(1 + q)\sqrt{21} = q' - 3q - 7$, e quindi necessariamente $q = -1$ e $q' = 4$.

Soluzione 1.9. Si verifica che $r^3 + 3r + 2\alpha = 0$ usando la formula del cubo di $a + b$.
Se $\alpha = 2$, allora $r = \delta$ da cui $\delta^3 + 3\delta + 4 = 0 = (\delta + 1)(\delta^2 - \delta + 4)$; se ne deduce che la sola radice reale è $\delta = -1$, che è un numero intero; perciò $(\sqrt{5} - 2)^{1/3} - (\sqrt{5} + 2)^{1/3} \in \mathbb{Q}$.

Soluzione 1.10.

a) Si ha:

$$\frac{x^6 + 5x^4 + 40x^3 + 15x + 1}{x + 3} = x^5 - 3x^4 + 14x^3 - 2x^2 + 6x - 3 + \frac{10}{x + 3}.$$

b) $\dfrac{-3x^6 + x^5 + 3x^4 - 5}{x^2 + 1} = -3x^4 + x^3 + 6x^2 - x - 6 + \dfrac{x + 1}{x^2 + 1}.$

c) $\dfrac{-5 + 3x^4 + x^5 - 3x^6}{1 + x^2} = -5 + 5x^2 - 2x^4 + \dfrac{x^5 - x^6}{1 + x^2}.$

Soluzione 1.11.

a) Dapprima si fattorizza il denominatore e si ottiene: $x^4 + x^3 + x + 1 = (x + 1)^2(x^2 - x + 1)$. Si ha dunque

$$\frac{7x^3 - 3x^2 - 6x + 1}{x^4 + x^3 + x + 1} = \frac{A_1}{x + 1} + \frac{A_2}{(x + 1)^2} + \frac{Bx + C}{x^2 - x + 1}.$$

Si possono calcolare i coefficienti A_1, A_2, B e C imponendo l'identità fra i due membri dell'uguaglianza precedente. Si ottiene in tal modo un sistema di quattro equazioni in quattro incognite:

$$\begin{cases} A_1 + B = 7 \\ A_2 + 2B + C = -3 \\ -A_2 + B + 2C = -6 \\ A_1 + A_2 + C = 1 \end{cases}$$

e, risolvendolo, si trova $A_1 = 6, A_2 = -1, B = 1$ e $C_1 = -4$. La frazione si scrive dunque:

$$\frac{7x^3 - 3x^2 - 6x + 1}{x^4 + x^3 + x + 1} = \frac{6}{x + 1} - \frac{1}{(x + 1)^2} + \frac{x - 4}{x^2 - x + 1}.$$

b) In tal caso

$$\frac{2x^3 - 3}{x^3 - x^2 + 2x - 2} = 2 + \frac{2x^2 - 4x + 1}{(x - 1)(x^2 + 2)} = 2 + \frac{A}{x - 1} + \frac{Bx + C}{x^2 + 2};$$

A, B e C devono verificare il sistema $\begin{cases} A + B = 2 \\ B - C = 4 \\ 2A - C = 1 \end{cases}$ che risolto dà: $A = -\frac{1}{3}$,

$B = \frac{7}{3}$ e $C = -\frac{5}{3}$. Dunque, $\dfrac{2x^3 - 3}{x^3 - x^2 + 2x - 2} = 2 - \dfrac{1}{3(x - 1)} + \dfrac{7x - 5}{3(x^2 + 2)}.$

Soluzione 1.12.

a) La decomposizione di questa frazione è della forma $\dfrac{A}{x - 1} + \dfrac{B}{x - 2} + \dfrac{C}{x - 3}$, da cui si deduce

$$7 - 3x = A(x - 2)(x - 3) + B(x - 1)(x - 3) + C(x - 1)(x - 2).$$

Ponendo rispettivamente $x = 1, 2$ e 3, si trova $A = 2, B = -1$ e $C = -1$ da cui

$$\frac{7 - 3x}{x^3 - 6x^2 + 11x - 6} = \frac{2}{x - 1} - \frac{1}{x - 2} - \frac{1}{x - 3}.$$

b) Scrivendo $x = (x - 1) + 1$, si ottiene al numeratore l'espressione $(x - 1)^2 + 3(x - 1) + 3$, e dunque:

$$\frac{x^2 + x + 1}{(x - 1)^8} = \frac{3}{(x - 1)^8} + \frac{3}{(x - 1)^7} + \frac{1}{(x - 1)^6}.$$

Soluzione 1.13. Si ha $R(x) = \dfrac{A}{x - 1} + \dfrac{B}{x + 1} + \dfrac{Cx + D}{x^2 + 1}$ e la condizione imposta implica $D = 0$. Ne consegue:

$$A(x + 1)(x^2 + 1) + B(x - 1)(x^2 + 1) + Cx(x^2 - 1) = -4x^3 + px^2 + 6x + 3,$$

da cui, imponendo $x = 1$ e poi $x = -1$ e infine $x = 0$, si ha $A = \frac{1}{4}(p + 5)$, $B = -\frac{1}{4}(p + 1)$ e $3 = \frac{1}{4}(p + 5) + \frac{1}{4}(p + 1)$, il che implica $p = 3$.

Soluzione 1.14.

a) $A = p^{2m(2m-1)}$; $\quad m = -2$.

b) $B = p^2 + 1$.

c) $r_n = p^{1-2^{-n}}$.

d) $D = 3\sqrt{2} + \sqrt{6} = \sqrt{6}(\sqrt{3} + 1)$.

Soluzione 1.15. Si ha

$$E = a^{2x} \frac{a^{2x} - a^{-2x}}{a^x + a^{-x}} = a^{2x} \frac{(a^x + a^{-x})(a^x - a^{-x})}{a^x + a^{-x}} = a^{3x} - a^x.$$

Soluzione 1.16. Abbiamo $N = 3 \log_2(2^{-4}) + 2 \log_{\sqrt{3}}(\sqrt{3})^6 = 3 \cdot (-4) + 2 \cdot 6 = 0$.

Soluzione 1.17. Dimostriamo la proprietà per assurdo. Supponiamo dunque che ogni $\mathcal{A}_i$, $i = 1, 2, 3$ contenga almeno un altro insieme. Esiste allora j tale che $\mathcal{A}_j \subset \mathcal{A}_1$, $j = 2$ o $j = 3$. Allo stesso modo, esiste k tale che $\mathcal{A}_k \subset \mathcal{A}_j$, $k \neq j$ e $k \neq 1$, dato che se $k = 1$ si avrebbe $\mathcal{A}_1 \subset \mathcal{A}_j \subset \mathcal{A}_1$ e dunque $\mathcal{A}_1 = \mathcal{A}_j$, il che contraddice l'ipotesi. Se ne deduce che se $j = 2$ allora $k = 3$ e se $j = 3$ allora $k = 2$. Sia m tale che $\mathcal{A}_m \subset \mathcal{A}_k$. Attraverso lo stesso ragionamento, si può mostrare $m \neq k$ e $m \neq j$ da cui $m \neq 2$ e $m \neq 3$ da cui $m = 1$; ma $\mathcal{A}_1 \subset \mathcal{A}_k \subset \mathcal{A}_j \subset \mathcal{A}_1$ implica che i tre insiemi coincidono, il che non è possibile. Questa contraddizione mostra che esiste almeno un $\mathcal{A}_i$ che non contiene gli altri $\mathcal{A}_j$.

Soluzione 1.18. Mostriamo dapprima che $(\mathcal{A} \cup \mathcal{B}) \times \mathcal{C} \subset \mathcal{A} \times \mathcal{C} \cup \mathcal{B} \times \mathcal{C}$. Sia $(x, y) \in (\mathcal{A} \cup \mathcal{B}) \times \mathcal{C}$; si ha allora $x \in (\mathcal{A} \cup \mathcal{B})$ e $y \in \mathcal{C}$, dunque $x \in \mathcal{A}$ o $x \in \mathcal{B}$ e $y \in \mathcal{C}$, che equivale a dire $(x, y) \in \mathcal{A} \times \mathcal{C}$ o $(x, y) \in \mathcal{B} \times \mathcal{C}$, da cui $(x, y) \in \mathcal{A} \times \mathcal{C} \cup \mathcal{B} \times \mathcal{C}$, ovvero l'inclusione che si voleva provare.

Reciprocamente, se $(x, y) \in \mathcal{A} \times \mathcal{C} \cup \mathcal{B} \times \mathcal{C}$, allora $(x, y) \in \mathcal{A} \times \mathcal{C}$ o $(x, y) \in \mathcal{B} \times \mathcal{C}$. La coppia (x, y) è tale che $x \in \mathcal{A}$ e $y \in \mathcal{C}$ o $x \in \mathcal{B}$ e $y \in \mathcal{C}$, ovvero $x \in (\mathcal{A} \cup \mathcal{B})$ e $y \in \mathcal{C}$. Se ne deduce che $(x, y) \in (\mathcal{A} \cup \mathcal{B}) \times \mathcal{C}$ e dunque che $\mathcal{A} \times \mathcal{C} \cup \mathcal{B} \times \mathcal{C} \subset (\mathcal{A} \cup \mathcal{B}) \times \mathcal{C}$. Le due inclusioni ottenute implicano l'eguaglianza cercata.

Soluzione 1.19. Si ha

$$\frac{(1+1)^n + (1-1)^n}{2} = C_n^0 + C_n^2 + C_n^4 + \cdots + C_n^{2p} + \cdots = 2^{n-1}.$$

Allo stesso modo

$$\frac{(1+\sqrt{2})^n + (1-\sqrt{2})^n}{2} = C_n^0 + 2C_n^2 + 4C_n^4 + \cdots + 2^p C_n^{2p} + \cdots$$

Soluzione 1.20.

a) La risposta è $8^6 = 262144$.

b) In questo caso, la risposta è $\frac{8!}{2!} = 20160$.

c) Vi sono 420 numeri a 7 cifre e $180 + 60 + 120 + 60 = 420$ a 6 cifre.

Soluzione 1.21.

a) Numero di casi favorevoli: 252. Numero di casi possibili: 15'504; da cui la percentuale risulta $1,63\%$.

b) Numero di casi favorevoli: $3000 + 1000 = 4000$. Numero di casi possibili: 15'504; da cui la percentuale risulta $25,8\%$.

c) Per quanto riguarda il numero di casi favorevoli, bisogna considerare tutti i casi in cui si hanno più palline nere che palline rosse (9 casi). Ad esempio, per il caso 3 nere 1 bianca (e quindi 1 rossa) si avrà $\binom{5}{3}\binom{10}{1}\binom{5}{1} = 500$ casi possibili. In totale, avremo: numero di casi favorevoli: $25 + 100 + 100 + 25 + 1 + 1000 + 500 + 50 + 450 = 2251$. Numero di casi possibili: 15504. Dunque la percentuale è $14,5\%$.

Soluzione 1.22.

a) $\bar{z} = 1 - i\sqrt{3}$, $|z| = 2$, $\arg z = \dfrac{\pi}{3}$, $z^{-1} = \dfrac{1 - i\sqrt{3}}{4}$ e $z^3 = -8$.

b) Si osservi che $1 + i\sqrt{3} = 2(\cos\frac{\pi}{3} + i\sin\frac{\pi}{3})$. La forma polare delle due radici è dunque $z_1 = \sqrt{2}(\cos\frac{\pi}{6} + i\sin\frac{\pi}{6})$, $z_2 = \sqrt{2}(\cos\frac{7\pi}{6} + i\sin\frac{7\pi}{6})$, e la forma cartesiana è: $z_1 = \dfrac{\sqrt{2}}{2}(\sqrt{3} + i)$, $z_2 = -\dfrac{\sqrt{2}}{2}(\sqrt{3} + i)$.

c) Si ha anche $w = \frac{1}{2} - \frac{1}{2}i$, da cui $|w| = 2^{-1/2}$ e $\arg w = \frac{7\pi}{4}$. Le radici cubiche sono dunque date da $\frac{1}{\sqrt[6]{2}}\left(\cos(\frac{7\pi}{12} + \frac{2k\pi}{3}) + i\sin(\frac{7\pi}{12} + \frac{2k\pi}{3})\right), k \in \{0, 1, 2\}$.

Soluzione 1.23.

a) Bisogna risolvere l'equazione $\sqrt{x^2 + y^2} - 9i = 3x + 3yi - 7$, ovvero $\sqrt{x^2 + y^2} = 3x - 7 \geq 0$ e $3y = -9$. Si ottiene la soluzione unica $z = 4 - 3i$.

b) Si ha l'identità $(1 - z) \cdot (1 + z \cdots + z^6) = 1 - z^7$, dunque $1 + z \cdots + z^6 = 0$ equivale a $1 - z^7 = 0$ e $z \neq 1$. Le soluzioni di $z^7 = 1, z \neq 1$ sono allora $\cos\frac{2k\pi}{7} + i\sin\frac{2k\pi}{7}, k \in \{1, 2, 3, 4, 5, 6\}$.

Soluzione 1.24. Si ha $(\cos t + i\sin t)^3 = \cos 3t + i\sin 3t$, da cui

$$\sin 3t = \operatorname{Im}(\cos^3 t + 3i\cos^2 t \sin t - 3\cos t \sin^2 t - i\sin^3 t)$$
$$= 3(1 - \sin^2 t)\sin t - \sin^3 t = 3\sin t - 4\sin^3 t.$$

Soluzione 1.25. Poniamo $z = \sqrt{3} + i$. Si ha dunque $|z| = 2, \arg z = \frac{\pi}{6}$. Allora

$$z = 2(\cos\frac{\pi}{6} + i\sin\frac{\pi}{6}) \text{ e } z^n = 2^n\left(\cos(\frac{n\pi}{6}) + i\sin(\frac{n\pi}{6})\right).$$

Se ne deduce che z è reale e positivo per $n = 12k, k \in \mathbb{Z}, z$ è reale e negativo per $n = 6(1 + 2k), k \in \mathbb{Z}$ e z è immaginario puro per $n = 3(1 + 2k), k \in \mathbb{Z}$.

CAPITOLO 2

Risoluzione di equazioni

Esercizio 2.1. Si determini l'insieme S delle soluzioni dell'equazione

$$x^2 - x + 3 = \frac{2x^3 + x^2 - 8x + 6}{x + 2}.$$

Esercizio 2.2. Trovare i valori positivi di x che soddisfano la relazione

$$\frac{x}{1 - \frac{1}{x}} = \frac{x - \frac{2}{x}}{1 + \frac{1}{x}}.$$

Esercizio 2.3. Risolvere l'equazione $x|x| - 6x + 7 = 0$.

Esercizio 2.4. Risolvere il sistema $\begin{cases} x < 1 - 2|x| \\ 4x^2 + 7x - 2 \leq 0 \end{cases}$.

Esercizio 2.5. Un gitante si trova su una diga il cui muro è alto 284 m. Il gitante vorrebbe conoscere, da dove si trova, l'altezza della *colonna d'acqua* contro la diga. Per farlo, lancia una pietra nella direzione del lago, con un angolo di 30° rispetto all'orizzontale e con una velocità di 10 m/s. La pietra raggiunge la superficie dell'acqua dopo 4 secondi. Qual è l'altezza della colonna d'acqua? (Per semplificare il calcolo e consentire una risoluzione senza calcolatrice, si assuma che l'accelerazione dovuta al peso sia di 10 m/s^2).

Esercizio 2.6. Un'automobile è ferma ad una distanza di 98 m da una persona. Ad un dato istante, essa parte e si muove con un'accelerazione costante. Se l'accelerazione è di 4 m/s^2, dopo quanto tempo la vettura passa davanti alla persona?

Se una seconda vettura, partita dalla stessa posizione, impiega il doppio del tempo per raggiungere la persona, qual è la sua accelerazione (ipotizzata costante)?

Esercizio 2.7. Risolvere

$$2\left(e^{\frac{3}{2}x} - e^{-\frac{3}{2}x}\right) = e^{\frac{1}{2}x} + 5e^{-\frac{1}{2}x}.$$

Esercizio 2.8. a) Esplicitare y in funzione di x sapendo che

$$\ln(e^y - e^x) = y + \ln 2 - \ln(e^y + e^x).$$

b) Risolvere $\log_{\frac{1}{2}}(2x - 13 - \dfrac{15}{x}) < 1 + \log_{\frac{1}{2}} 2(x - 15)$.

Esercizio 2.9. Determinare il parametro p affinché il sistema

$$(S): \begin{cases} (p + 6)x + py = 3 \\ px + y = p - 2 \end{cases}$$

possieda un'infinità di soluzioni.

Esercizio 2.10. Si definisce *forma quadratica* un'espressione del tipo $Q(x, y) = ax^2 + by^2 + cxy + dx + ey + f$, dove x e y sono delle variabili e a, b, c, d, e, f dei numeri reali. L'equazione $Q(x, y) = 0$ definisce, in generale, una conica.
Risolvere il sistema seguente (intersezione di una conica e di una retta):

$$\begin{cases} x^2 + 2y^2 + 3xy - 5x + y - 2 = 0 \\ x + 3y + 7 = -1. \end{cases}$$

Esercizio 2.11. Trovare le coordinate nello spazio $\mathbb{R}^3$ dei punti rispettivamente posizionati:

a) su di un cerchio contenuto in un piano parallelo al piano Oxy, di centro $(2, 3, 4)$ e diametro uguale alla distanza di questi due piani;

b) nel piano passante per i punti $A = (1, 4, 8)$, $B = (2, 3, 4)$ e $C = (4, 1, 1)$.

(Vedere il capitolo 4).

Esercizio 2.12. Risolvere $|x| + |2 - x| \leqslant x + 1$.

Esercizio 2.13. Risolvere $x - 4 > \sqrt{2x(x - 7)}$.

Esercizio 2.14. Utilizzando le relazioni $\text{sgn}(xy) = \text{sgn}(x) \cdot \text{sgn}(y)$ per $xy \neq 0$ e $x \cdot \text{sgn}(x) = |x|$ per $x \neq 0$, risolvere

$$|x| \cdot \left(24x^{-2} + \text{sgn}(x^3 + x^2 + x) \right) < 10.$$

Esercizio 2.15. Determinare il dominio D del piano complesso definito da: $c|z - i| \leq |z + 4 + 7i|$ quando (a) $c = 1$, (b) $c = \sqrt{2}$.

Esercizio 2.16. Mostrare che per $a, b, c > 0$, si ottiene:

1) $a^2 + b^2 + c^2 \geq ab + bc + ca$;

2) $(a + b + c)(\frac{1}{a} + \frac{1}{b} + \frac{1}{c}) \geq 9$.

Elementi di Teoria

Si può trasformare un'equazione in una equivalente come segue:

- aggiungendo uno stesso termine ai due membri;

- moltiplicando o dividendo i due membri per un numero reale non nullo.

2.1 Equazioni algebriche

Si dice che un'equazione è algebrica su $\mathbb{R}$, rispettivamente su $\mathbb{C}$, se è della forma

$$P(x) = 0,$$

ove P è un polinomio a coefficienti reali, rispettivamente complessi. Tuttavia, un'equazione algebrica su $\mathbb{R}$ può avere come soluzione un numero complesso, per esempio $x^2 + e = 0$. Si osservi che un'equazione avente per soluzione un numero reale non è necessariamente algebrica su $\mathbb{R}$; per esempio, l'equazione non algebrica $e \cdot x - e^x = 0$ possiede la soluzione unica $x = 1$.

> **Proprietà.** Se un numero complesso z è radice di un polinomio P a coefficienti reali, allora anche $\bar{z}$ è radice di P.

Ogni equazione algebrica su $\mathbb{C}$ si linearizza, vale a dire se $P(x)$ è un polinomio di grado n a coefficienti complessi, allora esistono $z_1, \ldots, z_n$ tali che $P(x) = (x - z_1) \cdot (x - z_2) \cdot \cdots \cdot (x - z_n)$.

2.1.1 Equazioni lineari

L'equazione $ax + b = 0$ $(a, b \in \mathbb{R})$ può anche essere scritta $ax = -b$. Se $a \neq 0$, allora la soluzione dell'equazione è $x = -\frac{b}{a}$.
Se $a = 0$ si ottiene $0 \cdot x = b$; in questo caso, se $b \neq 0$ l'equazione non ammette soluzione e se $b = 0$, ogni numero reale è soluzione dell'equazione.

Per risolvere graficamente $ax + b = 0$, è necessario aggiungere una dimensione per poter "rappresentare" l'equazione nel piano. Si traccerà dunque

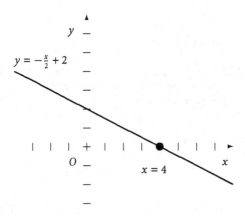

Figura 2.1

la retta $y = ax + b$ in $\mathbb{R}^2$ e la soluzione sarà data dall'ascissa dell'intersezione della retta con l'asse delle x (come in fig. 2.1).

Se si deve risolvere graficamente

$$ax + b = cx + d,$$

si può procedere in due modi: sia disegnare le rette $y = ax + b$ e $y = cx + d$, sia tracciare la retta $\tilde{y} = (a - c)x + (b - d)$. Nel primo caso la soluzione sarà data dall'ascissa dell'intersezione di due rette (vedere sezione 2.3.1), nel secondo caso ci si riconduce alla risoluzione di $\tilde{a}x + \tilde{b} = 0$.

2.1.2 Equazioni di secondo grado

Consideriamo l'equazione di secondo grado seguente:

$$ax^2 + bx + c = 0 \qquad (a,\, b,\, c \text{ reali e } a \neq 0).$$

Dividendo tutti i coefficienti dell'equazione per a e ponendo $p = \frac{b}{a}$ e $q = \frac{c}{a}$, la si può scrivere sotto la forma *normale*:

$$x^2 + px + q = 0.$$

Si ottiene la soluzione di questa equazione completando il quadrato:

$$\left(x + \frac{p}{2}\right)^2 = \left(\frac{p}{2}\right)^2 - q,$$

che produce,

$$x_{1,2} = -\frac{p}{2} \pm \sqrt{\left(\frac{p}{2}\right)^2 - q} = \frac{-b \pm \sqrt{b^2 - 4ac}}{2a}.$$

Se ci si restringe a soluzioni reali, è necessario che il discriminante sia maggiore o uguale a zero; se questo è negativo, si ottengono come soluzioni dei numeri complessi. La situazione è la seguente:

$b^2 - 4ac > 0$ due radici reali
$b^2 - 4ac = 0$ una radice reale
$b^2 - 4ac < 0$ due radici complesse coniugate

Se l'equazione è sotto forma normale, si ottengono le relazioni seguenti tra le radici e i coefficienti (*formule di Viète*):

Formule di Viète.

$$x_1 + x_2 = -p \quad \text{e} \quad x_1 x_2 = q.$$

Queste formule si generalizzano a polinomi di grado superiore. In particolare, se si denotano con x_1, x_2 e x_3 le radici del polinomio $x^3 + px^2 + qx + r = 0$, allora le relazioni sono

$$x_1 + x_2 + x_3 = -p, \qquad x_1 x_2 + x_2 x_3 + x_3 x_1 = q, \qquad x_1 x_2 x_3 = -r.$$

2.2   Equazioni trascendenti

Tutte le equazioni non algebriche sono chiamate *trascendenti*. Tra queste si trovano le equazioni esponenziali, logaritmiche e trigonometriche.

2.2.1 Equazioni esponenziali

Esempi

1) Risolvere $4^{2x} = 8$.
Si riconducono i due membri dell'equazione ad una forma esponenziale avente la stessa base: $(2^2)^{2x} = 2^3$ o $2^{4x} = 2^3$; ne segue che $4x = 3$ e $x = \frac{3}{4}$.

2) Risolvere $9 \cdot 3^x \cdot 27^x = 81$.
Si scrive l'equazione sotto la forma: $3^2 \cdot 3^x \cdot 3^{3x} = 3^4$ o $3^{2+4x} = 3^4$ e se ne deduce che $2 + 4x = 4$ dunque $x = \frac{1}{2}$.

3) Risolvere $7 \cdot 2^x + 2^{x+3} + 2^{x+2} = 76$.
L'equazione si scrive $2^x(7 + 8 + 4) = 76$ o $2^x = 2^2$ da cui si ottiene $x = 2$.

2.2.2 Equazioni logaritmiche

Esempi

1) Risolvere $\log_a(x + 1) + \log_a(3) = \log_a(6)$.
Affinché $\log_a(x + 1)$ esista, si deve avere $x > -1$; in questo caso, l'equazione si scrive: $\log_a(3x + 3) = \log_a(6)$, da cui $3x + 3 = 6$ e $x = 1$.

2) Risolvere $\log(x - 2) + \log(x - 5) = 1$.
Si deve cercare $x > 5$ affinché i due logaritmi siano definiti. Si scrive l'equazione sotto la forma: $\log(x^2 - 7x + 10) = 1$ e se ne deduce che x verifica $x^2 - 7x + 10 = 10$ le cui soluzioni sono $x = 0$ e $x = 7$. Solo $x = 7$ soddisfa la condizione $x > 5$ ed è dunque la soluzione cercata.

3) Risolvere $3^{x+2} = 2^{3x-5}$.
Si uguagliano i logaritmi dei due membri dell'equazione e si ottiene: $\log(3^{x+2}) = \log(2^{3x-5})$ che si scrive $(x + 2)\log(3) = (2x - 5)\log(2)$, ciò implica $x = \dfrac{2\log(3) + 5\log(2)}{2\log(2) - \log(3)}$.

2.3 Sistemi di equazioni lineari

Un sistema di equazioni si dice *sotto-determinato* se ha più incognite che equazioni e *sovra-determinato* se ci sono più equazioni che incognite. In generale, un sistema d'equazioni sotto-determinato possiede un'infinità di soluzioni e un sistema sovra-determinato non possiede soluzioni. Ci si limiterà ai casi di due equazioni a due incognite, rispettivamente, tre equazioni a tre incognite e presenteremo due metodi di risoluzione che possono essere applicati altrettanto bene ad entrambi i casi.

2.3.1 Due equazioni in due incognite

Si consideri il sistema seguente:

$$\begin{cases} x + 3y = 15, \\ 2x - y = 2. \end{cases}$$

Il primo metodo di risoluzione è la *sostituzione*:
La seconda equazione, per esempio, si può scrivere $y = 2x - 2$; sostituendo y nella prima, si ottiene un'equazione ad una incognita e si trova $x = 3$, da cui $y = 4$, vedere 2.1.1.

Si può risolvere un tale sistema anche graficamente. Prendiamo per esempio le due equazioni

$$\begin{cases} y + 2 = x + 3 \\ 2y + 3 = -4x + 11 \end{cases} \implies \begin{cases} y = x + 1 \\ y = -2x + 4 \end{cases}$$

Se si rappresentano le due rette $y = x + 1$ e $y = -2x + 4$ nel piano, la loro intersezione $I(1; 2)$ fornisce la soluzione cercata (si veda la fig. 2.2).

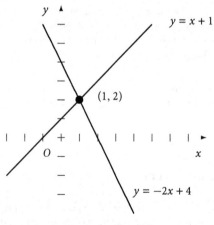

Figura 2.2

2.3.2 Tre equazioni in tre incognite

Il secondo metodo di risoluzione consiste nell'eliminazione di un'incognita ad ogni passo, utilizzando *combinazioni lineari*. Sia dato il sistema:

$$\begin{cases} x + y + z = 5, \\ 3x - y + 2z = 2, \\ 2x + y - z = 4. \end{cases}$$

In questo esempio, si può eliminare l'incognita y se si sommano la prima equazione e la seconda, la seconda e la terza. In questo modo si ottiene:

$$\begin{cases} 4x + 3z = 7, \\ 5x + z = 6. \end{cases}$$

Da questo punto in poi si può procedere con lo stesso principio oppure procedere con una sostituzione, e si ottiene la soluzione $x = 1, y = 3$ e $z = 1$.

È anche possibile risolvere un tale sistema graficamente (per esempio in geometria descrittiva). In questo caso, ogni equazione rappresenta un piano in $\mathbb{R}^3$. La soluzione, se esiste, sarà data dall'intersezione dei piani.

2.4 Sistemi di equazioni non lineari

Questi sistemi provengono frequentemente da problemi geometrici.

2.4.1 Un'equazione lineare e un'equazione quadratica

Un tale sistema è facile da risolvere per sostituzione.

Esempio. Risolvere il sistema seguente:

$$\begin{cases} x^2 + y^2 - 4x - 1 = 0, \\ x - y = 1. \end{cases}$$

Si scrive $x = y + 1$, dalla seconda equazione, e sostituendo x nella prima, si ottiene l'equazione quadratica $y^2 - y - 2 = 0$ che ha per soluzioni $y_1 = -1$ e $y_2 = 2$; l'insieme delle soluzioni del sistema è allora
$\mathcal{S} = \{(x_1 = 0, y_1 = -1); (x_2 = 3, y_2 = 2)\}$.

2.4.2 Due equazioni quadratiche

Secondo la forma delle equazioni del sistema, si cercherà di combinarle al fine di ottenere il metodo di risoluzione più appropriato.

Esempio. Risolvere il sistema seguente:

$$\begin{cases} x^2 + y^2 - 4x - 4y + 6 = 0, \\ \frac{x^2}{2} + \frac{y^2}{2} - x - y - 1 = 0. \end{cases}$$

In questo caso, si moltiplica la seconda equazione per 2 poi la si sottrae alla prima e si ottiene $-2x - 2y + 8 = 0$, riconducendosi dunque ad un sistema della forma precedente. Si può dunque scrivere $x = 4 - y$ e la si sostituisce nella prima equazione che diventa $y^2 - 4y + 3 = 0$ le cui soluzioni sono $y_1 = 1$ e $y_2 = 3$. L'insieme delle soluzioni del sistema è dunque $\mathcal{S} = \{(x_1 = 3, y_1 = 1); (x_2 = 1, y_2 = 3)\}$.

Nel caso seguente, si risolve una delle equazioni considerando y come parametro; poi sostituendo il risultato nell'altro, si ottiene un'equazione quadratica in x le cui soluzioni permettono di trovare quelle del sistema.

Esempio. Risolvere il sistema seguente:

$$\begin{cases} 2x^2 + 3xy - y^2 = 9, \\ x^2 - 6xy + 5y^2 = 0. \end{cases}$$

La seconda equazione si scrive $(x - y)(x - 5y)$, da cui $x = y$ o $x = 5y$. Sostituendo, nella prima equazione, $x = y$, si ottiene $y = \pm \frac{3}{2}$; poi, con $x = 5y$, si ottiene $y = \pm \frac{3}{8}$. L'insieme delle soluzioni è dunque

$$\mathcal{S} = \left\{ (\frac{3}{2}, \frac{3}{2}); (-\frac{3}{2}, -\frac{3}{2}); (\frac{15}{8}, \frac{3}{8}); (-\frac{15}{8}, -\frac{3}{8}) \right\}.$$

2.5 Disuguaglianze

2.5.1 Disuguaglianze lineari

Sia data la disuguaglianza

$$ax + b > 0, \qquad a, b \in \mathbb{R}.$$

La soluzione dipende essenzialmente dal valore di a.

Se $a = 0$, si ottiene la disuguaglianza $b > 0$. Se b è realmente maggiore di 0, la disuguaglianza è verificata per ogni $x \in \mathbb{R}$. In caso contrario, non vi è soluzione.

Se $a \neq 0$, $ax > -b$ implica:

$$x > \frac{-b}{a} \text{ se } a > 0, \quad \text{ovvero } x \in]-b/a; +\infty[;$$

$$x < \frac{-b}{a} \text{ se } a < 0, \quad \text{ovvero } x \in]-\infty; -b/a[.$$

2.5.2 Disuguaglianze quadratiche

Si consideri il seguente polinomio di grado due: $P(x) = ax^2 + bx + c$ dove a, b, c sono reali e $a \neq 0$. Esso si scrive:

$$P(x) = a\left(\left(x + \frac{b}{2a}\right)^2 - \frac{b^2 - 4ac}{4a^2}\right).$$

È facile dedurne che il segno di $P(x)$ dipende da quello di $b^2 - 4ac$ come segue:

1) se $b^2 - 4ac > 0$ allora l'equazione $P(x) = 0$ ha due radici distinte $x_1 < x_2$. Il segno di $P(x)$ è quello di a per $x \in]-\infty, x_1[\cup]x_2, +\infty[$, quello di $-a$ per $x \in]x_1, x_2[$;

2) se $b^2 - 4ac = 0$ allora il segno di $P(x)$ è quello di a per $x \in \mathbb{R} \setminus \{x_0\}$ dove x_0 è la radice doppia di $P(x) = 0$;

3) se $b^2 - 4ac < 0$ allora il segno di $P(x)$ è quello di a per ogni $x \in \mathbb{R}$.

Se ne evince che il segno di $P(x)$ è quello del coefficiente di x^2, fatto salvo il caso in cui x sia tra le radici di P, se ce ne sono.

Esempio. Risolvere la disuguaglianza $3x^2 - 8x + 7 > 2x^2 - 3x + 1$.
La si scrive sotto la forma: $x^2 - 5x + 6 > 0$ e si cercano le radici dell'equazione $x^2 - 5x + 6 = 0$ che sono $x_1 = 2$ e $x_2 = 3$. La disuguaglianza data è soddisfatta quando $x < 2$ o $x > 3$.

2.5.3 Disuguaglianze a due variabili

Sia $P(x, y)$ un polinomio. Su ogni regione del piano delimitato dalla curva $P(x, y) = 0$, la funzione $P(x, y)$ mantiene un segno costante. Per determinarlo, è sufficiente valutare P in un punto specifico della regione.

Osservazione. Questa proprietà è valida quando $P(x)$ è un polinomio in una variabile, ed è generalizzabile anche in $\mathbb{R}^n$.

Esempio. Determinare il dominio del piano dove $P(x, y) = 2y + x - 4 > 0$.
La curva $P(x, y) = 0$ è una retta passante per i punti $(4, 0)$ e $(0, 2)$. Su ogni semipiano delimitato da questa retta, il segno di P non cambia. Poiché $P(0, 0) = -4 < 0$ e $P(5, 0) = 1 > 0$, la risposta è il semipiano delimitato dalla retta $P(x, y) = 0$ e contenente il punto $(5, 0)$.

2.5.4 Disuguaglianze notevoli

Disuguaglianza triangolare. $\forall x, y, \in \mathbb{R}$:

$$|x + y| \leqslant |x| + |y|.$$

Disuguaglianza delle medie.
Siano $x_1, x_2 \in \mathbb{R}, x_1 > 0, x_2 > 0$. Allora,

$$\underbrace{\frac{2}{\frac{1}{x_1} + \frac{1}{x_2}}}_{\text{media armonica}} \leqslant \underbrace{\sqrt[2]{x_1 x_2}}_{\text{media geometrica}} \leqslant \underbrace{\frac{x_1 + x_2}{2}}_{\text{media aritmetica}}.$$

Si ha uguaglianza solo se $x_1 = x_2$.

Questa doppia disuguaglianza può essere generalizzata a n variabili $x_1, \ldots, x_n$.

Dimostrazione (caso $n = 2$).
Si ha $\dfrac{2}{\frac{1}{x_1} + \frac{1}{x_2}} \leqslant \sqrt{x_1 x_2}$ (1) , $\sqrt{x_1 x_2} \leqslant \frac{x_1 + x_2}{2}$ (2).

La disuguaglianza (2) è equivalente a $4x_1 x_2 \leqslant (x_1 + x_2)^2$ che è, a sua volta, equivalente a $0 \leqslant (x_1 - x_2)^2$, vera $\forall x_1, x_2$.

La disuguaglianza (1) è equivalente a $\dfrac{2x_1 x_2}{x_1 + x_2} \leqslant \sqrt{x_1 x_2}$ che è, a sua volta, equivalente a (2), dunque vera.

Disuguaglianza di Bernoulli.
Per ogni intero naturale $n > 1$ e ogni numero reale $x > -1$, si ha:

$$(1 + x)^n \geq 1 + nx.$$

L'uguaglianza si verifica solo se $x = 0$.

Disuguaglianza di Cauchy-Schwarz.
Siano $(x_1, \ldots, x_n)$ e $(y_1, \ldots, y_n)$ dei numeri reali. Allora:

$$\sum_{i=1}^{n} |x_i y_i| \leqslant \left(\sum_{i=1}^{n} x_i^2 \right)^{1/2} \left(\sum_{i=1}^{n} y_i^2 \right)^{1/2}.$$

Dimostrazione.
Consideriamo il seguente polinomio di grado due in λ ($\lambda \in \mathbb{R}$):

$$P(\lambda) = \sum_{i=1}^{n} \left(|x_i| + \lambda |y_i| \right)^2 = \sum_{i=1}^{n} |x_i|^2 + 2\lambda \sum_{i=1}^{n} |x_i y_i| + \lambda^2 \sum_{i=1}^{n} |y_i|^2.$$

Essendo questo polinomio positivo (o nullo) $\forall \lambda$, il suo discriminante sarà negativo (o uguale a zero); vale a dire, si avrà:

$$\left(2 \sum_{i=1}^{n} |x_i y_i| \right)^2 - 4 \cdot \sum_{i=1}^{n} |x_i|^2 \cdot \sum_{i=1}^{n} |y_i|^2 \leqslant 0$$

$$\implies \left(\sum_{i=1}^{n} x_i^2 \cdot \sum_{i=1}^{n} y_i^2 \right)^{1/2} \geqslant \left| \sum_{i=1}^{n} |x_i y_i| \right| = \sum_{i=1}^{n} |x_i y_i|.$$

L'uguaglianza si ottiene solo se le $|x_i|$ sono proporzionali alle $|y_i|$.

Soluzioni

Soluzione 2.1. Si deve avere $x^3 - 9x = 0$, da cui $\mathcal{S} = \{-3, 0, 3\}$.

Soluzione 2.2. Per $x > 0$ e $x \neq 1$, ci si riconduce, dopo trasformazione dell'equazione, a $x^2 + x - 1 = 0$; si ottiene dunque $x = \frac{1}{2}(\sqrt{5} - 1)$.

Soluzione 2.3. Distinguendo i casi $x < 0$ e $x \geq 0$, si ottengono due equazioni di secondo grado: $x^2 + 6x - 7 = 0$ per $x < 0$ e $x^2 - 6x + 7 = 0$ per $x \geq 0$. Le radici ammissibili di tali equazioni sono $x_1 = -7, x_2 = 3 - \sqrt{2}, x_3 = 3 + \sqrt{2}$.

Soluzione 2.4. Dalla disequazione $x + 2|x| < 1$ si deduce

$$\begin{cases} -x < 1 & \text{per } x < 0 \\ 3x < 1 & \text{per } x \geq 0 \end{cases}$$

ovvero $-1 < x < \frac{1}{3}$.
La seconda disequazione implica $-2 \leq x \leq \frac{1}{4}$, da cui la soluzione $-1 < x \leq \frac{1}{4}$.

Soluzione 2.5. L'altezza della colonna d'acqua è 224 m.

Soluzione 2.6. L'auto passa davanti alla persona dopo 7 secondi.
L'accelerazione cercata è di 1 m/s². Si osserva che quando l'accelerazione è divisa per quattro, il tempo raddoppia e non quadruplica!

Soluzione 2.7. Moltiplicando l'equazione per $e^{\frac{3}{2}x}$, si ottiene $2e^{3x} - e^{2x} - 5e^x - 2 = 0$, vale a dire con $u = e^x$: $2u^3 - u^2 - 5u - 2 = 0$, da cui $u = -1$ o $-\frac{1}{2}$ o 2. La sola soluzione ammissibile è $x = \ln 2$.

Soluzione 2.8.

a) L'equazione data implica che $e^{2y} - e^{2x} = 2e^y$; in questo modo, e^y verifica l'equazione $t^2 - 2t - e^{2x} = 0$. Considerando solo la soluzione positiva, si ottiene allora $y = \ln(1 + \sqrt{1 + e^{2x}})$.

b) La condizione di esistenza è $x > 15$ e la disuguaglianza si può scrivere sotto la forma $\log_{\frac{1}{2}}(2x - 13 - \frac{15}{x}) < \log_{\frac{1}{2}}(\frac{1}{2}2(x - 15))$, che è equivalente a

$$\ln(2x - 13 - \frac{15}{x}) > \ln(x - 15)$$

poiché $\log_{\frac{1}{2}} a = \frac{\ln a}{\ln \frac{1}{2}}$ e $\ln \frac{1}{2} < 0$. Se ne deduce $2x - 13 - \frac{15}{x} > x - 15$ che implica $x^2 + 2x - 15 > 0$, da cui $x \in (]-\infty, -5[\cup]3, +\infty[)\cap]15, +\infty[$ ovvero $x \in]15, +\infty[$.

Soluzione 2.9. Si può interpretare il problema come intersezione di due rette: vi è un'infinità di soluzioni se le due rette coincidono. In particolare, i coefficienti di x e di y delle equazioni date devono essere necessariamente proporzionali, ovvero,

$$\frac{p+6}{p} = \frac{p}{1} \quad \text{o} \quad p^2 - p - 6 = 0 \quad \text{dunque} \quad p = -2 \quad \text{o} \quad p = 3.$$

Per $p = -2$, (S) diventa $\begin{cases} 4x - 2y = 3 \\ -2x + y = -4 \end{cases}$: questo sistema non ammette soluzione.

Per $p = 3$, (S) diventa $\begin{cases} 9x + 3y = 3 \\ 3x + y = 1 \end{cases}$, di soluzione (x, y) tale che $y = 1 - 3x$, x arbitrario.

Soluzione 2.10. Per sostituzione, si ottengono due soluzioni; dunque due intersezioni: $(x, y) = (1, -3)$ o $(43, -17)$

Soluzione 2.11. Secondo il dato, è chiaro che i punti cercati sono nel piano di equazione $z = 4$. La loro terza coordinata è dunque 4.
Per trovare l'equazione del piano passante per A, B e C, si può cercare il suo vettore normale effettuando per esempio $\vec{AB} \times \vec{AC}$.
Con l'equazione del cerchio e l'equazione del piano, si ottiene un sistema di due equazioni in due incognite

$$\begin{cases} x + y - 5 = 0 \\ (x - 2)^2 + (y - 3)^2 = 4 \end{cases}$$

di soluzioni: $(2 - \sqrt{2}, 3 + \sqrt{2}, 4)$ e $(2 + \sqrt{2}, 3 - \sqrt{2}, 4)$.

Soluzione 2.12. Si studia la disuguaglianza seguendo i segni di x e di $2 - x$ e se ne deduce la soluzione: $x \in [1, 3]$.

Soluzione 2.13. Prima di tutto si fissano le condizioni di esistenza, poi ci si riconduce ad una equazione quadratica e si ottiene la soluzione: $x \in [7, 8[$.

Soluzione 2.14. Si ha:

$$10 > 24\frac{|x|}{x^2} + |x|\operatorname{sgn}\left(x(x^2 + x + 1)\right)$$
$$= 24\frac{|x|}{|x|^2} + |x|\operatorname{sgn}(x) \cdot \operatorname{sgn}(x^2 + x + 1) = \frac{24}{|x|} + x \cdot 1,$$

da cui $x|x| - 10|x| + 24 < 0$, ovvero anche

$$x^2 - 10x - 24 > 0 \,, \ x < 0$$
$$x^2 - 10x + 24 < 0 \,, \ x > 0$$

da cui $x \in \,]-\infty, -2[\,\cup\,]4, 6[$.

Soluzione 2.15.

a) Si deve avere $\sqrt{x^2 + (y-1)^2} \leq \sqrt{(x+4)^2 + (y+7)^2}$, ovvero, dopo elevazione al quadrato: $y \geq -\frac{1}{2}(x+8)$. Il dominio D è dunque il semipiano superiore limitato dalla retta d'equazione $x + 2y + 8 = 0$.

b) La disuguaglianza si riconduce a: $(x-4)^2 + (y-9)^2 \leq 160$. In questo caso, D è l'interno del disco centrato in $(4, 9)$ e di raggio $4\sqrt{10}$, frontiera inclusa.

Soluzione 2.16. Utilizzando la disuguaglianza di Cauchy-Schwarz, si può scrivere

1) $a \cdot b + b \cdot c + c \cdot a \leq (a^2 + b^2 + c^2)^{1/2}(b^2 + c^2 + a^2)^{1/2}$;

2) $3 = \sqrt{a} \cdot \frac{1}{\sqrt{a}} + \sqrt{b} \cdot \frac{1}{\sqrt{b}} + \sqrt{c} \cdot \frac{1}{\sqrt{c}} \leq (a + b + c)^{1/2}(\frac{1}{a} + \frac{1}{b} + \frac{1}{c})^{1/2}$.

CAPITOLO 3 ●

Funzioni

Esercizi

Esercizio 3.1. Sia $f(x) = 3ax^2 + a^2bx + a^3$ con $a, b \in \mathbb{R}$. Calcolare $f(a), f(2b)$ e $f(ab)$.

Esercizio 3.2. Si considerino le funzioni reali $f > 0$ tali che $f(u+v) = f(u)f(v)$ per ogni $u, v \in \mathbb{R}$. Si dimostri che $f(u - v) = \dfrac{f(u)}{f(v)}$.

Esercizio 3.3. Siano $f_1(x) = x^2 + 1$ e $f_2(x) = x + 1$. Si calcoli

$$(f_1 \circ f_2 - f_2 \circ f_1)(x).$$

Esercizio 3.4. Sia $f(x) = x + 1, f_1 = f$ e $f_{n+1} = f \circ f_n, n = 1, 2, \dots$. Esplicitare $f_k(x)$.

Esercizio 3.5. Si determini $\psi(x) = f \circ g(x)$ essendo $f(x) = \sqrt{x^2 + 1}$ e $g(x) = \sqrt{x^2 - 1}, x^2 \geq 1$.

Esercizio 3.6. Sia $f(x) = \ln x^2 + \sin x$ e $g(x) = e^{2x}$. Esplicitare $f(g(x))$ e $g(f(x))$.

Esercizio 3.7. Determinare il dominio di definizione della funzione $f(x) = \ln(\frac{x-2}{x-1})$.

Esercizio 3.8. Dimostrare che le funzione $f: \mathbb{R} \longrightarrow \mathbb{R}$ definita da $f(x) = x^3$ è iniettiva.

Esercizio 3.9. Determinare la funzione inversa di $f: \mathbb{R}_+ \longrightarrow \mathbb{R}$ quando
a) $f(x) = x^2 + x$,   b) $f(x) = 3e^{2x} - 4e^x + 1$.

Esercizio 3.10. Determinare, se esiste, il periodo T della funzione $f(x) = x - [x], \ x \in \mathbb{R}$.

Esercizio 3.11. Dimostrare che la funzione $f \colon \mathbb{R} \longrightarrow \mathbb{R}$ data da $f(x) = \sqrt{x^2 + 2} - \sqrt{x^2 + 1}$ è limitata.

Esercizio 3.12. Siano γ_1 e γ_2 le curve di equazione $y_1(x) = x^3 - 3x^2 + 2x$ e $y_2(x) = x^2 + px + q$. Per quali p e q le curve γ_i si intersecano sulla retta verticale $x = -2$ e sull'asse delle x positive?

Esercizio 3.13. Tracciare il grafico della funzione

$$y(x) = x^{\frac{1}{3}} |x|^{\frac{1}{20}} + 2|x|^{\frac{1}{4}}.$$

Esercizio 3.14. Si consideri la curva γ definita da

$$y(x) = \frac{x^5 - x^4 + ax^3 - 13x + 6}{x^4 + ax^2 - 8},$$

e siano M e N i punti di γ di ascissa $x_M = -1$ e $x_N = 1$.

a) Determinare a affinché il segmento MN tagli l'asse Oy in $y = -\frac{5}{9}$.

b) Quali sono, per il valore di a ottenuto, le intersezioni I di γ e della retta passante per i punti $A(-1, -3)$ e $B(2, 3)$?

Elementi di Teoria

3.1 Nozioni generali

Funzioni

Siano X, Y due insiemi non vuoti. La corrispondenza che ad ogni elemento in $x \in X$ associa un elemento $y \in Y$ è chiamata *funzione* o anche *applicazione* di X in Y e si denota con $f: X \to Y$. Per indicare che $f(x)$ è l'elemento di Y associato a x dalla funzione f, si utilizza la notazione $x \mapsto f(x)$. Si dice che $f(x)$ è il *valore* di f nel punto x o *l'immagine* di x tramite f. L'insieme X è chiamato *dominio di definizione* di f e Y il suo *codominio* o anche *dominio dei valori*. Se X e Y sono dei sottoinsiemi di $\mathbb{R}$, la funzione f è chiamata *funzione reale*. Si introducono ancora le nozioni seguenti.

Immagine di una funzione

Il sottoinsieme di Y indicato con $f[X]$ e dato da

$$f[X] = \{y \in Y: \text{ esiste } x \in X \text{ tale che } f(x) = y\}$$
$$= \{f(x): x \in X\}$$

è chiamato *immagine* di X tramite f o *l'insieme delle immagini* e lo si indica anche con Im(f).

Grafico di una funzione

Il grafico di una funzione f, denotato con $\mathcal{G}_f$, è il sottoinsieme di $X \times Y$ definito con

$$\mathcal{G}_f = \{(x, f(x)): x \in X\}.$$

In generale, lo si può rappresentare in un sistema di coordinate. Per esempio, per una funzione reale, il grafico è rappresentato dalla sua curva nel piano munito delle coordinate cartesiane.

Funzione suriettiva

Una funzione $f: X \to Y$ si dice *suriettiva* se $f[X] = Y$ o, altrimenti detto, se ogni $y \in Y$ è l'immagine tramite f di almeno un elemento $x \in X$.

Funzione iniettiva

Una funzione $f: X \to Y$ si dice *iniettiva* se $x_1 \neq x_2$ implica $f(x_1) \neq f(x_2)$ per ogni $x_1, x_2 \in X$. Altrimenti detto, ogni $y \in f[X]$ è l'immagine tramite f di un solo elemento $x \in X$.

Funzione biiettiva

Una funzione $f: X \to Y$ si dice *biiettiva* se è contemporaneamente suriettiva e iniettiva.

Funzione identità

La funzione $\mathrm{Id}_X: X \to X$ definita da $\mathrm{Id}_X(x) = x$ è chiamata *funzione identità* su X. La funzione identità è biiettiva.

Funzione costante

Una funzione $f: X \to Y$ è detta *costante* se $f(x_1) = f(x_2)$ per ogni coppia $(x_1, x_2) \in X \times X$.

Composizione di funzioni

Siano $f: X \to Y$ e $g: Y' \to Z$ due funzioni tali che $f[X] \subset Y'$. Allora, la funzione $g \circ f: X \to Z$, definita da $g \circ f(x) = g(f(x))$, è chiamata funzione composta di g e f.

Funzione inversa

Quando $f: X \to Y$ è biiettiva, si può definire una funzione $f^{-1}: Y \to X$ che, a ogni $y \in Y$, associa l'elemento x di X soluzione unica dell'equazione $y = f(x)$. La funzione f^{-1} è chiamata la *funzione inversa* di f, essa è biiettiva e verifica $f^{-1} \circ f = \mathrm{Id}_X, f \circ f^{-1} = \mathrm{Id}_Y$.

Restrizione di una funzione

Sia S un sottoinsieme di X e $g: S \to Y$ una funzione tale che $g(x) = f(x)$ per ogni $x \in S$. g si chiama *restrizione* di f e si indica con $f_{|S}$ che si legge f ristretta a S.

Prolungamento di una funzione

Sia $X \subset S$. Una funzione g, definita su S, è chiamata *prolungamento* di f se f è una restrizione di g a X, i.e. $g_{|X} = f$.

3.2 Funzioni reali

Siano X e Y dei sottoinsiemi non vuoti di $\mathbb{R}$, $f: X \to Y$ una funzione reale e $x, x_1, x_2 \in X$.

Zeri di una funzione

Gli *zeri* di una funzione f sono i valori di x per i quali la funzione si annulla, ovvero x_i è uno zero di f se e solamente se $f(x_i) = 0$.

Funzione crescente, strettamente crescente

Una funzione f è detta crescente se $x_1 < x_2$ implica $f(x_1) \leq f(x_2)$.
Una funzione f è detta strettamente crescente se $x_1 < x_2$ implica $f(x_1) < f(x_2)$.

Funzione decrescente, strettamente decrescente

Una funzione f è detta decrescente se $x_1 < x_2$ implica $f(x_1) \geq f(x_2)$.
Una funzione f è detta strettamente decrescente se $x_1 < x_2$ implica $f(x_1) > f(x_2)$.

Funzione limitata

Sia A un sottoinsieme di X. Una funzione $f: X \to Y$ è detta *maggiorata* su A se l'insieme $f[A]$ è maggiorato, ovvero se esiste $M \in \mathbb{R}$ tale che $f(a) \leqslant M$, per ogni $a \in A$.

Essa è detta *minorata* su A se l'insieme $f(A)$ è minorato, ovvero se esiste $m \in \mathbb{R}$ tale che $f(a) \geqslant m$, per ogni $a \in A$.

Se f è al tempo stesso maggiorata e minorata su A, si dice che è *limitata* su A.

Una funzione f è limitata su A se e solamente se esiste una costante $C > 0$ tale che $|f(a)| \leq C$ per ogni $a \in A$.

Parità

Una funzione $f: X \to Y$ è detta *pari* se per ogni $x \in X, -x \in X$ e $f(-x) = f(x)$.
Essa è detta *dispari* se per ogni $x \in X, -x \in X$ e $f(-x) = -f(x)$.

Periodicità

Una funzione $f: \mathbb{R} \to \mathbb{R}$ è detta *periodica di periodo* $p \neq 0$ se $f(x + p) = f(x)$ per ogni $x \in \mathbb{R}$. Ne segue che f è di periodo np, $n \in \mathbb{Z}^*$.

Si può frequentemente determinare il più piccolo $p > 0$ possibile. In particolare, se $f(x)$ è una funzione continua non costante (vedere capitolo 6), allora il numero $T = \inf p$ tale che $f(x + p) = f(x)$ è un numero positivo chiamato periodo *fondamentale* di f.

Funzione convessa

Sia I un intervallo. Una funzione $f: I \to \mathbb{R}$ è detta convessa su I se per ogni coppia x_1, x_2 in I e ogni $t \in [0, 1]$:

$$f(tx_1 + (1-t)x_2) \leq tf(x_1) + (1-t)f(x_2). \tag{3.1}$$

La funziona f è detta strettamente convessa se per ogni coppia $x_1 \neq x_2$ in I e ogni $t \in \,]0, 1[$:

$$f(tx_1 + (1-t)x_2) < tf(x_1) + (1-t)f(x_2).$$

Sia $f: I \to \mathbb{R}$ convessa su I e $x_1 < x_2$. Ponendo $t = \dfrac{x_2 - x}{x_2 - x_1}$, $x \in [x_1, x_2]$, la disuguaglianza (3.1) diviene allora

$$f(x) \leqslant \frac{f(x_2) - f(x_1)}{x_2 - x_1} (x - x_2) + f(x_2).$$

Geometricamente, questo significa che il segmento di retta passante per i punti $(x_1, f(x_1))$ e $(x_2, f(x_2))$ si mantiene sempre sopra la curva $y = f(x)$ per $x \in [x_1, x_2]$ (si veda la fig. 3.1).

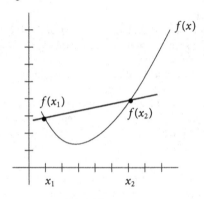

Figura 3.1

Se $f: I \to \mathbb{R}$ è convessa e derivabile (vedere capitolo 7), allora ogni tangente alla curva $y = f(x)$ si mantiene sotto la curva.

Funzione concava
Un funzione f è detta concava, rispettivamente strettamente concava, se $-f$ è convessa, rispettivamente strettamente convessa.

3.3 Funzioni reali particolari

Funzione lineare e affine
Una *funzione affine* è una funzione del tipo $f(x) = ax + b$, con $a \in \mathbb{R}$ e $b \in \mathbb{R}$; essa rappresenta una retta in $\mathbb{R}^2$; se $b = 0$, si dice che è *lineare* e la sua rappresentazione grafica in $\mathbb{R}^2$ passa per l'origine.

Funzione quadratica
Una *funzione quadratica* è una funzione del tipo $f(x) = ax^2 + bx + c$, con $a \in \mathbb{R}^*$

e $b, c \in \mathbb{R}$; essa rappresenta una parabola in $\mathbb{R}^2$. Una funzione quadratica, in principio, non è né iniettiva né suriettiva, ma alcune delle sue restrizioni sono biettive. Per esempio, la funzione

$$f: \quad \mathbb{R}_+ \to \mathbb{R}_+,$$
$$x \mapsto x^2$$

è biiettiva e la sua funzione inversa è la funzione *radice quadrata*, indicata con $f^{-1}(x) = \sqrt{x}$.

Funzione polinomiale

Una *funzione polinomiale* f è una funzione della forma

$$f(x) = a_n x^n + a_{n-1} x^{n-1} + \cdots + a_1 x + a_0,$$

dove a_n è non nullo e gli a_i sono dei numeri reali. L'intero naturale n è il *grado* della funzione polinomiale.
Le *radici* di f sono gli zeri di f ovvero le x_i tali che $f(x_i) = 0$. Se x_i è una radice di f, si può fattorizzare $f(x)$ con $(x - x_i)$ (vedere la sezione 1.4).

Funzione razionale

Si chiama *funzione razionale* una funzione definita con

$$f(x) = \frac{p(x)}{q(x)},$$

dove $p(x)$ e $q(x)$ sono dei polinomi e dove almeno uno dei coefficienti di $q(x)$ è non nullo. Le x per le quali $q(x) = 0$ sono chiamate *poli* di f (vedere la sezione 1.5 per la decomposizione in elementi semplici).

Funzione potenza

Sia $p \in \mathbb{R}$. La funzione $f(x) = x^p, x \in \mathbb{R}_+^*$ è chiamata funzione potenza (si veda la fig. 3.2).
Se $p \in \mathbb{Q}$, si può estendere il suo dominio di definizione D_f che dipenderà da p.

1. Se $p = 0$: $f(x) = 1, D_f = \mathbb{R}$;

2. Se $p \in \mathbb{N}^*$: $D_f = \mathbb{R}$ e f è dispari, rispettivamente pari, se p è dispari, rispettivamente pari;

3. Se $p \in \mathbb{Z}_-^*$: $D_f = \mathbb{R}^*$;

4. Se $p > 0, p \notin \mathbb{N}^*$: $D_f = \mathbb{R}$ o $\mathbb{R}_+$ e $p < 0, p \notin \mathbb{Z}_-^*$: $D_f = \mathbb{R}^*$ o $\mathbb{R}_+^*$.

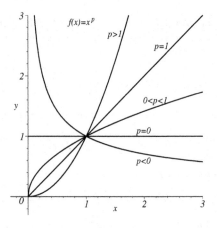

Figura 3.2

La funzione inversa di $f(x) = x^p$ è data da $f^{-1}(x) = x^{\frac{1}{p}}$ se $x \geq 0$.
Si può definire anche la funzione x^p con $e^{p \ln x}$ quando $p \in \mathbb{R}$.

Funzioni esponenziali e logaritmiche
Vedere la sezione 1.7.

Funzioni trigonometriche
Vedere il capitolo 5.

Funzioni iperboliche
Per definizione:

$$\sinh x = \frac{e^x - e^{-x}}{2}, \qquad \cosh x = \frac{e^x + e^{-x}}{2},$$

$$\tanh x = \frac{\sinh x}{\cosh x} = \frac{e^x - e^{-x}}{e^x + e^{-x}}, \qquad \coth x = \frac{\cosh x}{\sinh x} = \frac{e^x + e^{-x}}{e^x - e^{-x}} (x \neq 0).$$

Si indica talvolta con sh$x$, ch$x$, th$x$ e cth$x$, rispettivamente $\sinh x, \cosh x, \tanh x$ e $\coth x$.

Funzione segno e funzione parte intera
La *funzione segno*, denotata con sgn, è definita da

$$\text{sgn:} \quad \mathbb{R}^* \quad \longrightarrow \quad \{-1; +1\},$$
$$x \quad \longmapsto \quad \begin{cases} -1 \text{ se } x < 0 \\ +1 \text{ se } x > 0 \end{cases}$$

Si indica con $[x]$ la *funzione parte intera* definita come segue:
se $x \in \mathbb{R}$, lo si scriva sotto la forma $x = n + \delta$ dove $n \in \mathbb{Z}$ e $0 \leq \delta < 1$. Allora
$f(x) = [x] = n$.

Esempio. $[0] = 0, [\frac{61}{3}] = [20 + \frac{1}{3}] = 20, [-1] = -1$ e $[-\pi] = [-4 + (4 - \pi)] = -4$.

Soluzioni

Soluzione 3.1. Si ottiene: $f(a) = a^3(4 + b), f(2b) = a^3 + 12ab^2 + 2a^2b^2, f(ab) = a^3(1 + 4b^2)$.

Soluzione 3.2 Si ha: $f(u) = f(u - v + v) = f((u - v) + v) = f(u - v)f(v)$ da cui $f(u - v) = f(u)/f(v)$.

Soluzione 3.3 Si ottiene $(f_1 \circ f_2 - f_2 \circ f_1)(x) = f_1 \circ f_2(x) - f_2 \circ f_1(x) = f_1(f_2(x)) - f_2(f_1(x)) = (x + 1)^2 + 1 - ((x^2 + 1) + 1) = 2x$.

Soluzione 3.4 Dimostrazione per induzione che $f_k(x) = x + k \ \forall k$. La relazione è vera per $k = 1$. Si assuma ora $f_k(x) = x + k$; ne consegue $f_{k+1}(x) = f(f_k(x)) = f(x + k) = (x + k) + 1 = x + (k + 1)$.

Soluzione 3.5. Si ha $\psi(x) = \sqrt{(\sqrt{x^2 - 1})^2 + 1} = |x|$, ristretta a $x \in]-\infty, -1] \cup [1, \infty[$.

Soluzione 3.6. Le funzioni composte sono: $f(g(x)) = 4x + \sin(e^{2x})$ e $g(f(x)) = x^4 e^{2\sin x}$.

Soluzione 3.7. Il dominio cercato è $D_f =]-\infty, 1[\cup]2, \infty[$.

Soluzione 3.8. Cerchiamo di dimostrare che $f(x_1) = f(x_2)$ implica $x_1 = x_2$. Qui, $x_1^3 = x_2^3$ dà

$$0 = x_1^3 - x_2^3 = (x_1 - x_2)[(x_1 + \frac{1}{2}x_2)^2 + \frac{3}{4}x_2^2]$$

dunque $x_1 - x_2 = 0$ o $\begin{cases} x_2 = 0 \\ x_1 + \frac{1}{2}x_2 = 0 \end{cases}$ ovvero $x_1 = x_2 = 0$.

Soluzione 3.9.

a) Si risolve $x^2 + x = y$ e $x \geq 0$, da cui $x = \frac{-1 + \sqrt{1 + 4y}}{2} = f^{-1}(y)$ e lo si scrive $f^{-1}(x) = \frac{1}{2}\left(\sqrt{4x + 1} - 1\right), \ x \in \mathbb{R}_+$.

b) In modo analogo, si ottiene $f^{-1}(x) = \ln\left(\sqrt{3x + 1} + 2\right) - \ln 3, \ x \in \mathbb{R}_+$.

Soluzione 3.10. Si ha: $f(x + 1) = x + 1 - ([x] + 1) = f(x)$; dunque $T \leq 1$. In questo modo, se ci si restringe a $x \in [0, 1[$, allora $f(x) = x$ che non è periodica, da cui $T = 1$.

Soluzione 3.11. Si può scrivere

$$f(x) = \sqrt{x^2 + 2} - \sqrt{x^2 + 1} = \frac{1}{\sqrt{x^2 + 2} + \sqrt{x^2 + 1}}$$

da cui $0 < f \leq \frac{1}{\sqrt{2}+1}$ e $|f(x)| \leq \sqrt{2} - 1$.

Soluzione 3.12. Dall'uguaglianza $y_1(-2) = y_2(-2)$, si deduce che $2p - q = 28$ e da $y_1(x) = y_2(x) = 0$, si deduce che $x = 2$ o $x = 1$ e dunque che $p + q = -1$ o $2p + q = -4$. In questo modo, p e q devono soddisfare i sistemi

$$\begin{cases} 2p - q = 28 \\ p + q = -1 \end{cases} \quad \text{o} \quad \begin{cases} 2p - q = 28 \\ 2p + q = -4 \end{cases},$$

le cui soluzioni sono $(p, q) = (6, -16)$ o $(p, q) = (9, -10)$.

Soluzione 3.13. Per $x \neq 0$, si può scrivere $y(x)$ sotto la forma $[\text{sgn}(x^{\frac{1}{3}}) + 2]|x|^{\frac{1}{4}}$ ovvero $y = |x|^{\frac{1}{4}} = (-x)^{\frac{1}{4}}$ se $x < 0$ e $y = 3|x|^{\frac{1}{4}} = 3x^{\frac{1}{4}}$ se $x > 0$. Il grafico di y è formato da due archi di curva che sono delle funzioni potenza.

Soluzione 3.14.

a) Le coordinate di M e N sono rispettivamente $(-1, \frac{17-a}{a-7})$, $a \neq 7$ e $(1, 1)$, e l'equazione di MN è $y - 1 = \left(\frac{1}{2} - \frac{17 - a}{2(a - 7)} \right)(x - 1)$. Poiché $(0, -\frac{5}{9})$ è un punto di MN, si trova $a = -2$.

b) Per $a = -2$, si può scrivere, dopo semplificazione per $x + 2$,

$$y = \frac{x^4 - 3x^3 + 4x^2 - 8x + 3}{(x - 2)(x^2 + 2)};$$

essendo $y = 2x - 1$ l'equazione della retta AB, ne segue che l'ascissa di I deve soddisfare $x^4 - 2x^3 + 2x^2 - 2x + 1 = 0$ ovvero $(x - 1)^2(x^2 + 1) = 0$. La sola soluzione è dunque $I = N$.

CAPITOLO 4

Geometria

Esercizio 4.1. Utilizzando il teorema di Pitagora, dimostrare i teoremi seguenti.

Sia ABC un triangolo rettangolo a, b, c, a', b', h come indicato in fig. 4.1.

Teorema di Euclide: $a^2 = a' \cdot c$ e $b^2 = b' \cdot c$.

Teorema dell'altezza: $h^2 = a' \cdot b'$

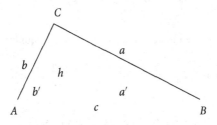

Figura 4.1

Esercizio 4.2. Sia data l'ipotenusa di un triangolo rettangolo. Qual è il luogo geometrico del vertice opposto?

Esercizio 4.3. Quali sono i triangoli rettangoli tali che un cateto è la media aritmetica dell'altro cateto e dell'ipotenusa?

Esercizio 4.4. Siano $A(2, 5)$ un punto assegnato nel piano xOy, e I l'intersezione delle rette d_1, di equazione $3x + y - 22 = 0$, e d_2, di equazione $x - 4y + 10 = 0$. Determinare l'equazione della retta p perpendicolare a AI e passante per il punto $P(1, -3)$.

Esercizio 4.5. Si considerino due cerchi σ_1 e σ_2, di raggi tali che $R_1 < R_2$. Quante tangenti comuni si possono tracciare ai due cerchi $\sigma_i, i = 1, 2$?

Esercizio 4.6. Determinare il raggio R del cerchio Γ di centro $\Omega(15, 36)$ e tangente al cerchio Γ' di equazione $x^2 + y^2 - 169 = 0$.

Esercizio 4.7. Trovare l'equazione del cerchio γ passante per i punti $A(0, 0)$, $B(-2, 4)$ e $C(4, 4)$.

Esercizio 4.8. Calcolare il volume V di un tetraedro (piramide a base triangolare) la cui base è determinata dai punti $A(-\frac{1}{3}, 1, 1), B(-3, -1, 2)$ e $C(1, 2, -1)$ e la cui altezza è uguale a 12.

Esercizio 4.9. Siano dati tre punti

$$A(2, -2, 1), \quad B(2, -3, 3), \quad C(3, -3, 1),$$

e una retta passante per $Q(2, -3, 1)$ orientata secondo il vettore $\vec{d} = (3, 1, -6)$. Determinare un punto D su d tale che il volume del tetraedro $ABCD$ sia uguale a 1.

Esercizio 4.10. Determinare m affinché le rette d_1 di equazione $6mx + (2m + 3)y + m\sqrt{m^2 + 1} = 0$ e d_2 di equazione $(\frac{5}{6}m + 1)x - (2m - 3)y + \frac{e^{-m}}{\sqrt{17}} = 0$, siano perpendicolari.

Esercizio 4.11. a) Determinare l'equazione del piano equidistante dai punti $A(2, 1, -4)$ e $B(4, 3, 2)$.

b) Trovare sulla retta d di equazione $\begin{cases} x - y + z = 2 \\ y - 2z = 3 \end{cases}$ il punto C equidistante da A e B.

Esercizio 4.12. Sia τ la retta di pendenza negativa, uscente dal $P(1, 4)$ e tangente al cerchio γ passante per $A(0, 2)$, $B(3, -1)$ e $C(4, 0)$. Determinare su τ un punto Q d'ascissa $x_Q > 6$ tale che la distanza di Q da $K(12, 13)$ sia uguale a 13.

Esercizio 4.13. Utilizzando la formula della distanza tra un punto ed un piano, trovare la formula della distanza tra due rette sghembe aventi rispettivamente per vettori direttori $\vec{d_1}$ e $\vec{d_2}$ e passanti rispettivamente per i punti P_1 e P_2.

Esercizio 4.14. Spiegare perché $\left\| \vec{AP} \times \dfrac{\vec{d}}{\| \vec{d} \|} \right\|$ rappresenta la distanza dal punto P dalla retta d passante per A di vettore direttore $\vec{d}$.

Esercizio 4.15. Sia π un piano assegnato passante per i punti $A(1, 8, 1)$, $B(4, -1, 10)$, $C(-2, 3, 6)$.
Un raggio luminoso emesso da una fonte puntiforme $P(-13, 2, 4)$ raggiunge il punto $Q(19, -11, -25)$ dopo riflessione sul piano π. Determinare il punto di impatto I su π e l'angolo di incidenza α del raggio.

Esercizio 4.16. La retta passante per i punti $E(\frac{5}{2}, 2, \frac{1}{2})$ e $F(\frac{7}{2}, 3, \frac{3}{2})$ interseca la sfera passante per i punti $A(0, 0, 0)$, $B(1, 0, 1)$, $C(1, 2, 1)$ e $D(0, 0, 1)$?
Indicazione: non si domandano le coordinate degli eventuali punti di intersezione, ma solo se tali intersezioni esistono.

Esercizio 4.17. Si consideri la sfera di equazione $(x - 1)^2 + (y + 2)^2 + z^2 = 81$. Un raggio luminoso, uscito dalla sorgente S posizionata in $(-2, 14, 24)$ incontra la sfera nel punto $T(2, 2, 8)$. Il raggio riflesso passa per il punto $P(169, 103, 372)$?

Esercizio 4.18. Determinare il punto simmetrico P' del punto $P(1, 2, 1)$ rispetto alla retta d passante per $A(1, -3, 7)$ e $B(4, 3, -2)$.

Esercizio 4.19. Si chiama trasversale una retta che interseca due rette sghembe. Trovare i punti di intersezione della trasversale t di direzione $\vec{t} = (3, 3, 5)$ intersecante le rette sghembe g_1 e g_2 date da $\vec{r}_{g_1} = (1, 4, -1) + \lambda(1, 2, 1)$ e $\vec{r}_{g_2} = (2, 3, 1) + \mu(1, 1, 2)$ (si denota con $\vec{r}_g = \overrightarrow{OP}$, $P \in g$, un punto corrente di g).

Esercizio 4.20. Siano date due rette sghembe: $\vec{r}_{g_1} = (-7, -1, 3) + \lambda(4, 1, -1)$ e $\vec{r}_{g_2} = (6, 2, 10) + \mu(4, -3, 1)$. Trovare le estremità del più piccolo segmento AB tale che $A \in g_1$ e $B \in g_2$.

Elementi di Teoria

4.1 Geometria piana

Si suppongono note le nozioni di punto e di retta.

4.1.1 Nozioni di base

Rette parallele
Si dice che due rette sono *parallele* se esse non hanno alcun punto in comune o se sono coincidenti. Se hanno un unico punto in comune si dice che sono *secanti*, *concorrenti* o che *si intersecano*. Se esse si intersecano formando un angolo di 90°, si dice che sono *perpendicolari* o *ortogonali*.

Segmento di retta
Si denota con (AB) la retta passante per i punti A e B. Un *segmento di retta* $[AB]$ è la parte della retta (AB) compresa tra i punti A e B che sono chiamati *estremità* del segmento.

Proiezione ortogonale
La *proiezione ortogonale* di un punto A su una retta d è il punto di intersezione tra la retta d e la retta passante per A che gli è perpendicolare.

Distanza tra due punti
La *distanza* tra due punti A e B è uguale alla lunghezza del segmento $[AB]$. Essa si denota con $\delta(A, B)$ o $|AB|$.

Distanza tra un punto ed una retta
La *distanza* tra un punto A e una retta d, denotata con $\delta(A, d)$, è la minima distanza di A da un punto B che descrive la retta d; è dunque la distanza tra A e il punto P della retta d tale che il segmento $[AP]$ forma un angolo retto con la retta d. Il punto P è dunque la proiezione ortogonale di A su d.

Distanza tra due rette parallele
La *distanza* tra due rette parallele d_1 e d_2, denotata con $\delta(d_1, d_2)$, è la distanza tra un punto di d_1 e la retta d_2.

Luogo geometrico
Si chiama *luogo geometrico* l'insieme dei punti soddisfacente una o più condizioni assegnate.

Asse di un segmento
La *mediana* di [AB] è il luogo geometrico dei punti equidistante dalle due estremità A e B. È pertanto una retta che taglia il segmento [AB] perpendicolarmente nel suo punto medio.

Bisettrice
La *bisettrice* di due rette secanti è il luogo geometrico dei punti a uguale distanza dalle due rette. È una retta che suddivide l'angolo formato dalle due rette in due angoli uguali. Quando due rette si intersecano, esse determinano due coppie di angoli uguali. Si hanno dunque, in questo caso, due bisettrici perpendicolari tra di loro.

Semiretta
Si chiama *semiretta* l'insieme dei punti di una retta posizionati da una stessa parte rispetto ad un punto A di questa retta, chiamata origine della semiretta. Si dice anche, in questo caso, che la semiretta è *uscente* dal punto A. In questo modo, come mostra la fig. 4.2, assegnato un punto A su una retta d, si definiscono due semirette d_1 e d_2.

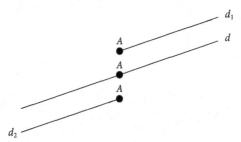

Figura 4.2

Angoli
Si chiama *angolo* la figura formata da due semirette uscenti dallo stesso punto. Questo punto è chiamato *vertice* dell'angolo. Un angolo definisce anche la parte del piano spazzata da una delle due semirette portandola sull'altra per rotazione intorno al vertice. Un angolo può essere *orientato*: per convenzione è orientato nel verso positivo o trigonometrico se la rotazione è effettuata nel senso inverso delle lancette di un orologio.
Si utilizzerà come misura di un angolo il grado o il radiante (vedere la sezione 5.1).

Due angoli la cui somma è 90° o $\pi/2$ si dicono *complementari*. Se la somma dei due angoli vale 180° o π gli angoli si dicono *supplementari*. Un angolo di 90° si dice *angolo retto* e un angolo di 180° *angolo piatto*.

Quando due rette si intersecano, gli angoli formati sono uguali a due a due: $\alpha_1 = \alpha_2$ e $\beta_1 = \beta_2$. Si dice che α_1 e α_2, rispettivamente β_1 e β_2, sono *opposti rispetto al loro vertice* (si veda la fig. 4.3). Quando una retta d interseca altre

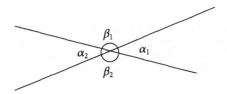

Figura 4.3

due rette d_1 e d_2, come nella fig. 4.4, si verifica la situazione seguente: α_2 e γ_1 si dicono *alterni-interni*, α_1 e γ_2 *alterni-esterni* e α_1 e γ_1 *corrispondenti*. Se d_1 è parallela a d_2, gli angoli alterni-interni, alterni-esterni e corrispondenti sono uguali a due a due, vale a dire $\alpha_1 = \alpha_2 = \gamma_1 = \gamma_2$ e $\beta_1 = \beta_2 = \delta_1 = \delta_2$.

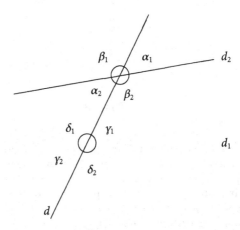

Figura 4.4

Triangoli

Un *triangolo* è un poligono a tre lati che conseguentemente ha tre angoli. La somma dei suoi angoli vale $180°$ o π.

Un triangolo *rettangolo* è un triangolo che possiede un angolo retto. Un triangolo che ha due lati uguali, dunque due angoli uguali, è *isoscele*. Un triangolo che ha tre lati uguali, e dunque tre angoli di $60°$, è *equilatero*.

Una *mediana* è una retta uscente da uno dei vertici del triangolo che taglia il lato opposto nel suo punto medio. Le tre mediane di un triangolo sono *concorrenti*; esse si intersecano in un punto chiamato *baricentro G* del triangolo, che si colloca a 2/3 di ogni mediana.

L'*altezza* di un triangolo è il segmento di retta uscente da un vertice che forma un angolo retto con il lato opposto. Altrimenti detto, è il segmento tra un vertice e la sua proiezione ortogonale sul lato opposto. Le altezze si intersecano in un punto H detto *ortocentro*.

In un triangolo, le mediane sono concorrenti così come le bisettrici.
In un triangolo isoscele, se gli angoli sono α, α e β, allora la bisettrice dell'angolo β è coincidente con l'asse, la mediana e l'altezza corrispondenti
In un triangolo equilatero, gli assi, le bisettrici, le mediane e le altezze uscenti da un vertice coincidono; si ha dunque $G = H = \Omega = I$, dove Ω è l'intersezione delle bisettrici.

Due triangoli sono *uguali* se hanno, tra di loro, sia

- tre lati uguali,

- due lati e l'angolo compreso tra questi due lati uguali,

- un lato e due angoli uguali (dunque, necessariamente, tre angoli uguali).

In questo modo, si può determinare interamente un triangolo assegnando

- la lunghezza dei suoi tre lati,

- la lunghezza dei due lati e il valore dell'angolo compreso tra questi due lati,

- la lunghezza del lato e il valore di due angoli.

Nota. Se si conoscono due angoli α e β, il terzo vale $\gamma = (180 - \alpha - \beta)°$.

Due triangoli sono *simili* se

- due angoli di uno sono uguali a quelli dell'altro, e dunque, necessariamente, i loro terzi angoli sono uguali,

- due lati del primo triangolo sono proporzionali a due lati del secondo e l'angolo tra questi due lati è uguale nei due triangoli,

- i tre lati del primo triangolo sono proporzionali a quelli del secondo,

- i loro lati sono a due a due paralleli o a due a due perpendicolari.

Teorema di Pitagora

In un triangolo rettangolo, il quadrato dell'ipotenusa è uguale alla somma dei quadrati dei cateti, ovvero $c^2 = a^2 + b^2$ (fig. 4.5).

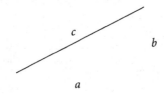

Figura 4.5

Teorema di Talete

Sia dato il triangolo ABC e due rette d_1, d_2 parallele a (BC) (si veda la fig. 4.6). Allora,

$$\frac{AD}{AB} = \frac{AE}{AC} = \frac{DE}{BC}$$

e

$$\frac{GE}{FD} = \frac{EC}{DB} = \frac{GC}{FB}.$$

Cerchi

Il cerchio è il luogo geometrico dei punti che sono ad una distanza data r da un punto fisso Ω chiamato *centro* del cerchio; r è il *raggio* del cerchio.

Si chiama *corda* $[CD]$ di un cerchio il segmento i cui estremi C e D appartengono al cerchio.

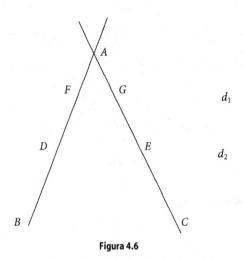

Figura 4.6

Una corda [AB] che passa per il centro del cerchio è chiamata *diametro* del cerchio; in questo caso A e B sono *diametralmente opposti*.
L'asse di una corda passa per il centro del cerchio.

Teorema
Per tre punti A, B, C non allineati passa uno ed un solo cerchio.

Il *cerchio circoscritto* ad un triangolo ABC è il cerchio passante per i vertici A, B e C. Il suo centro Ω è dato dall'intersezione degli assi che sono concorrenti.

In un cerchio di centro Ω, con degli angoli come indicato nella fig. 4.7, α è chiamato *angolo inscritto* e β *angolo al centro*.
Si ha sempre la relazione $\beta = 2\alpha$.
La *tangente* a un cerchio di centro Ω e raggio r è una retta d che tocca il cerchio in un solo punto. In questo caso, la distanza tra Ω e d è uguale a r.

Teorema
Per un punto P esterno ad un cerchio di centro Ω e di raggio r, ovvero tale che $\delta(P, \Omega) > r$, passano due tangenti al cerchio.

Il *cerchio inscritto* in un triangolo è il cerchio tangente ai tre lati del triangolo. Il suo centro I è dato dall'intersezione delle bisettrici che sono concorrenti.

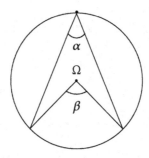

Figura 4.7

4.1.2 Calcolo delle aree

Triangolo

$$\text{Area} = \frac{b \cdot h}{2} = \frac{\text{base} \cdot \text{altezza}}{2} \qquad \text{(si veda la fig. 4.8)}.$$

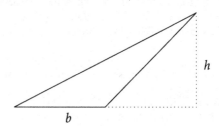

Figura 4.8

Se si conoscono le lunghezze a, b e c dei lati del triangolo, l'area è data dalla formula di Erone,

$$\text{Area} = \sqrt{p(p-a)(p-b)(p-c)}$$

dove p è il semiperimetro del triangolo, ovvero $p = \frac{1}{2}(a+b+c)$. Inoltre, se si conosce il raggio r del cerchio circoscritto e gli angoli α, β e γ del triangolo, si ha

$$\text{Area} = \frac{abc}{4r} = 2r^2 \sin \alpha \sin \beta \sin \gamma.$$

Se si conosce il raggio del cerchio inscritto R, sa ha la formula seguente:

$$\text{Area} = R \cdot p.$$

Poligoni
Si non si conosce la formula per il calcolo dell'area, si decompone il poligono in triangoli e si sommano le aree dei triangoli formati utilizzando il teorema di Pitagora, del seno e del coseno (vedere capitolo 5).

Cerchio

$$\text{Area} = \pi \cdot r^2.$$

Settore circolare
Vedere capitolo 5.

4.1.3 Sistemi di coordinate

Nel sistema cartesiano, il punto O si chiama origine, l'asse OI *asse delle ascisse* e l'asse OJ *asse delle ordinate*. Nel sistema polare, il punto O si chiama *polo* e la retta OI *asse polare*.
Per passare dalle coordinate polari alle coordinate cartesiane si hanno le relazioni

$$\begin{cases} x = \rho \cos \theta \\ y = \rho \sin \theta \end{cases}$$

e per passare dalle coordinate cartesiane alle coordinate polari si ha

$$\begin{cases} \rho = \sqrt{x^2 + y^2} \\ \theta = \arctan \dfrac{y}{x} \quad \text{risp. } \pi + \arctan \dfrac{y}{x}. \end{cases}$$

Coordinate cartesiane: (x, y) Coordinate polari: (ρ, θ)

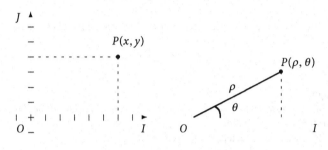

Figura 4.9   Figura 4.10

4.1.4 Equazione cartesiana e polare di una retta

Una *retta d*, nel piano Oxy, è il luogo geometrico dei punti che verificano un'equazione del tipo

$$ax + by + c = 0$$

dove $a, b, c \in \mathbb{R}$. Questa equazione è chiamata *equazione cartesiana della retta d*. Se $b \neq 0$, la sua *pendenza m* vale

$$m = -\frac{a}{b}.$$

Se la retta passa per i punti $A(a_1, a_2)$ e $B(b_1, b_2)$, la sua equazione cartesiana è data da

$$\frac{x - a_1}{b_1 - a_1} = \frac{y - a_2}{b_2 - a_2} \qquad \text{se } b_1 - a_1 \neq 0 \text{ e } b_2 - a_2 \neq 0,$$

$$x = a_1 \qquad \text{se } b_1 - a_1 = 0 \text{ e } b_2 - a_2 \neq 0,$$

$$y = a_2 \qquad \text{se } b_1 - a_1 \neq 0 \text{ e } b_2 - a_2 = 0.$$

Nel primo caso, la *pendenza m* della retta vale allora

$$m = \frac{b_2 - a_2}{b_1 - a_1}$$

e si può scrivere l'equazione della retta nella forma

$$y - a_2 = m(x - a_1).$$

Due rette sono parallele se e solo se hanno la medesima pendenza.

Si può anche rappresentare la pendenza di una retta avvalendosi delle coordinate polari. Se la retta d passa per il *polo* O, l'equazione polare di d è semplicemente

$$\theta = \text{costante}.$$

Se la retta d non passa per il polo O, si può determinare l'equazione avvalendosi delle coordinate (θ_0, ρ_0) del punto di intersezione tra d e la sua perpendicolare passante per O. Si ha allora (si veda la fig. 4.11)

$$\rho = \frac{\rho_0}{\cos(\theta - \theta_0)}.$$

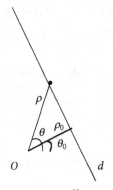

Figura 4.11

Osservazione. A partire dall'equazione cartesiana $ax + by = -c \neq 0$, si ha anche la relazione $\rho = \dfrac{-c}{a\cos\theta + b\sin\theta}$.

4.1.5 Equazione cartesiana e polare di un cerchio

L'equazione *canonica* di un cerchio di centro $\Omega(x_0, y_0)$ e raggio r è

$$\left| (x - x_0)^2 + (y - y_0)^2 = r^2. \right|$$

Questa formula deriva dal teorema di Pitagora.

L'equazione *generale* di un cerchio è della forma

$$ax^2 + ay^2 + 2dx + 2ey + f = 0 \quad \text{dove } a \neq 0 \text{ e } d^2 + e^2 > af.$$

L'equazione della tangente al cerchio di centro $\Omega(x_0, y_0)$ e raggio r passante per un punto $T(x_t, y_t)$ del cerchio è

$$(x_t - x_0)(x - x_0) + (y_t - y_0)(y - y_0) - r^2 = 0.$$

Se il cerchio è assegnato utilizzando la sua equazione generale, l'equazione della tangente diventa

$$ax_t x + ay_t y + d(x_t + x) + e(y_t + y) + f = 0$$

(principio di *sdoppiamento*).

Le due tangenti di pendenza m al cerchio di centro $\Omega(x_0, y_0)$ e raggio r hanno per equazioni

$$y - y_0 = m(x - x_0) \pm r\sqrt{m^2 + 1}.$$

In coordinate polari, l'equazione di un cerchio di centro $\Omega(x_0, y_0)$ e raggio r è

$$\rho^2 - 2\rho\rho_0 \cos(\theta - \theta_0) + \rho_0^2 = r^2$$

dove ρ_0 e θ_0 sono le coordinate polari di Ω.

Per ottenere questa equazione partendo dall'equazione cartesiana è sufficiente porre $(x_0, y_0) = (\rho_0 \cos\theta_0, \rho_0 \sin\theta_0)$, $(x, y) = (\rho \cos\theta, \rho \sin\theta)$ e utilizzare le proprietà delle funzioni trigonometriche (vedere capitolo 5).

4.1.6 Rappresentazione parametrica di una curva

Una curva può essere rappresentata come l'insieme dei punti le cui coordinate cartesiane x e y soddisfano

$$\begin{cases} x = f(t) \\ y = g(t) \end{cases}$$

dove f e g sono due funzioni definite su una parte di $\mathbb{R}$.

Questa rappresentazione è chiamata *rappresentazione parametrica* della curva e t è il *parametro*; il più delle volte, t può essere interpretato come variabile temporale.

La rappresentazione parametrica di una retta passante per i punti $A(a_1, a_2)$ e $B(b_1, b_2)$ è la seguente

$$\begin{cases} x = a_1 + t(b_1 - a_1) \\ y = a_2 + t(b_2 - a_2) \end{cases}, \quad t \in \mathbb{R}.$$

Per un cerchio di centro $\Omega(a, b)$ e raggio r, la rappresentazione parametrica è

$$\begin{cases} x = a + r \cos t \\ y = b + r \sin t \end{cases}, \quad t \in \mathbb{R}.$$

4.1.7 Sezioni coniche

Le sezioni coniche sono delle curve piane ottenute dall'intersezione di un cono di rivoluzione con un piano non contenente il vertice del cono. In questo modo si può ottenere:

- un cerchio,

- un'ellisse,

- una parabola,

- un'iperbole.

In effetti, il cerchio non è che un caso particolare di un'ellisse ed è stato già trattato precedentemente.

L'ellisse
Una *ellisse* è il luogo geometrico dei punti del piano la cui somma delle distanze da due punti assegnati, chiamati *fuochi*, è costante e uguale a $2a$. Essa possiede due assi di simmetria ortogonali, chiamati *asse maggiore* e *asse minore* dell'ellisse, la cui intersezione è il *centro* dell'ellisse. Le intersezioni dell'ellisse con i suoi assi sono i *vertici* dell'ellisse. I fuochi si posizionano sull'asse maggiore, alla stessa distanza da una parte e dall'altra dal centro.
L'equazione *canonica*, o ridotta, di un'ellisse di centro $C(x_0, y_0)$ e il cui asse maggiore è parallelo all'asse Ox è

$$\left| \frac{(x - x_0)^2}{a^2} + \frac{(y - y_0)^2}{b^2} - 1 = 0, \quad a > b \right|$$

essendo $2b$ la lunghezza dell'asse minore dell'ellisse. Denotando con $2c$ la distanza tra i due fuochi, chiamata distanza *focale*, si ha $a^2 = b^2 + c^2$ (si veda la fig. 4.12).
Se l'asse maggiore è verticale, si scambiano le variabili $x - x_0$ e $y - y_0$.

L'iperbole
L'*iperbole* è il luogo geometrico dei punti del piano la cui differenza delle

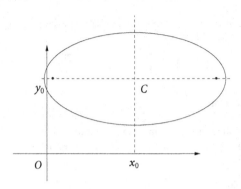

Figura 4.12

distanze da due punti fissi, chiamati fuochi, è costante e uguale a = 2*a*. Essa possiede due assi di simmetria ortogonali. Il primo passa per i fuochi ed è chiamato *asse focale*. I punti di intersezione dell'iperbole con l'asse focale sono i *vertici* dell'iperbole.

Se l'asse focale è parallelo all'asse Ox, l'equazione canonica dell'iperbole di centro $C(x_0, y_0)$ è data da (si veda la fig. 4.13)

$$\left| \frac{(x - x_0)^2}{a^2} - \frac{(y - y_0)^2}{b^2} - 1 = 0. \right|$$

Essa possiede due asintoti obliqui di equazioni

$$\frac{(x - x_0)^2}{a^2} - \frac{(y - y_0)^2}{b^2} = 0.$$

Se l'asse focale è verticale, si scambiano le variabili $x - x_0$ e $y - y_0$.

La parabola

La parabola è il luogo geometrico dei punti del piano equidistanti da una retta chiamata *direttrice* e da un punto chiamato *fuoco*. Essa possiede un asse di simmetria passante per il suo fuoco, chiamato *asse focale*. L'intersezione della parabola con il suo asse focale definisce il *vertice* della parabola.

Se l'asse focale della parabola è parallelo all'asse Ox e il suo vertice è il punto $S(x_0, y_0)$, la sua equazione canonica è:

$$\left| (y - y_0)^2 = 2p(x - x_0) \right|$$

dove $|p|$ è la distanza tra il fuoco e la direttrice, o il doppio della distanza tra il fuoco il vertice.

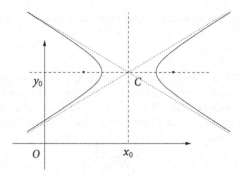

Figura 4.13

Se l'asse focale è perpendicolare all'asse delle ascisse, l'equazione (si veda la fig. 4.14) diventa

$$(y - y_0) = \frac{1}{2p}(x - x_0)^2.$$

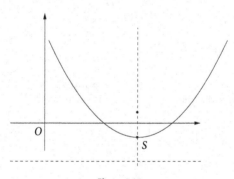

Figura 4.14

Conseguenza. Il grafico di $y = ax^2 + bx + c$ è una parabola.

Equazione generale di una conica

L'equazione generale di una conica è

$$\boxed{ax^2 + by^2 + cxy + dx + gy + f = 0.}$$

Effettuando una rotazione adeguata del sistema di coordinate, si ottiene una delle tre equazioni presentate precedentemente. Si può anche effettuare una traslazione per portare il centro o un fuoco della conica in un punto voluto, per esempio l'origine.

L'eccentricità

È anche possibile definire le coniche avvalendosi di una grandezza denominata *eccentricità*. Se si assegna un punto F chiamato fuoco e una retta d chiamata direttrice, una conica è allora l'insieme dei punti P il cui rapporto delle distanze dal fuoco e dalla direttrice è costante. Questa costante è *l'eccentricità* della conica, denotata con

$$e = \frac{\delta(P, F)}{\delta(P, d)}.$$

Se $0 < e < 1$ si ottiene un'ellisse, se $e = 1$ una parabola e se $e > 1$ un'iperbole. Inoltre, se la distanza tra il fuoco e la direttrice è r, ovvero se $\delta(F, d) = r$, posizionando il fuoco nell'origine e l'asse focale sull'asse Ox, l'equazione cartesiana della conica si scrive

$$(1 - e^2)x^2 + y^2 - 2e^2rx - e^2r^2 = 0$$

e in coordinate polari

$$\rho = \frac{er}{1 - e\cos\theta}.$$

Tangenti alle coniche

Equazione della conica	Equazione della tangente nel punto $T(x_t, y_t)$ della conica
$\dfrac{(x - x_0)^2}{a^2} \pm \dfrac{(y - y_0)^2}{b^2} - 1 = 0$	$\dfrac{(x_t - x_0)(x - x_0)}{a^2} \pm \dfrac{(y_t - y_0)(y - y_0)}{b^2} - 1 = 0$
$(y - y_0)^2 = 2p(x - x_0)$	$(y_t - y_0)(y - y_0) = p(x_t - x_0) + p(x - x_0)$

Equazione della conica	Equazione delle tangenti di pendenza m
$\dfrac{(x-x_0)^2}{a^2} + \dfrac{(y-y_0)^2}{b^2} - 1 = 0$	$y - y_0 = m(x - x_0) \pm \sqrt{a^2 m^2 + b^2}$
$\dfrac{(x-x_0)^2}{a^2} - \dfrac{(y-y_0)^2}{b^2} - 1 = 0$	$y - y_0 = m(x - x_0) \pm \sqrt{a^2 m^2 - b^2}$
$(y - y_0)^2 = 2p(x - x_0)$	$(y - y_0) = m(x - x_0) + \dfrac{p}{2m}$
$(x - x_0)^2 = 2p(y - y_0)$	$(y - y_0) = m(x - x_0) - \dfrac{pm^2}{2}$

4.2 Geometria nello spazio

Si assumano note le nozioni di punto, retta e piano.

4.2.1 Elementi di teoria

Retta perpendicolare e retta parallela ad un piano
Sia data una retta intersecante un piano in un punto P. Se essa è perpendicolare a *tutte* le rette del piano passanti per P, si dice che è *perpendicolare*, o *ortogonale*, al piano e si chiama la *normale* al piano in P.
Se una retta non ha alcun punto o più di un punto in comune con il piano, essa è *parallela* al piano.

Piani secanti, piani paralleli e piani ortogonali
Si dice che due piani sono paralleli se non hanno alcun punto in comune o se sono coincidenti. In caso contrario, si dicono *secanti*. L'intersezione di due piani secanti è una retta. Due piani sono *ortogonali*, o *perpendicolari*, se le normali uscenti da un punto comune ai due piani sono perpendicolari.

Rette parallele e rette sghembe
Due rette sono dette *parallele* se sono coincidenti o se non hanno alcun punto in comune ed esiste un piano passante per queste due rette. Se non hanno alcun punto in comune ma il piano non esiste, si dice che sono *sghembe*.

Angolo tra due piani

L'angolo tra due piani è uguale all'angolo tra le loro normali.

Proiezione ortogonale di un punto o di una retta su di un piano

La *proiezione ortogonale di un punto* P su un piano è il punto P' del piano tale che la retta PP' è ortogonale al piano. È anche l'intersezione tra il piano e la normale del piano passante per il punto P. La *proiezione ortogonale di una retta* d su un piano è la retta del piano formato dalle proiezioni ortogonali dei punti della retta d.

Angolo tra una piano ed una retta

L'angolo tra un piano e una retta è l'angolo tra questa retta e la sua proiezione ortogonale sul piano.

Distanza di un punto da un piano

La distanza di un punto P da un piano π è uguale alla distanza tra P e la sua proiezione ortogonale P' su π; è la lunghezza del segmento $[PP']$ e la si denota $\delta(P, \pi)$.
Nota. Per ogni punto $P'' \in \pi, \delta(P, \pi) \leq \delta(P, P'')$.

Distanza di una retta da un piano

La distanza tra un piano π e una retta d parallela a questo piano è la distanza tra un qualsiasi punto P di d e π; la si nota con $\delta(d, \pi)$. Se d è una retta π, allora $\delta(d, \pi) = 0$. Nel caso in cui la retta d interseca π, si conviene che la distanza tra d e π è nulla.

Distanza tra due rette sghembe

La distanza tra due rette sghembe $d_i, i = 1, 2$, è la distanza tra la prima retta e il piano che le è parallelo e contiene la seconda retta. È anche la lunghezza δ che soddisfa la relazione $\delta = \min \delta(P_1, P_2)$ dove $P_i \in d_i$.

Distanza tra due piani

Se i due piani sono paralleli, la distanza tra di loro è la distanza tra un punto (o una retta) del primo piano e il secondo piano.

Piano mediano

Un *piano mediano* tra due punti, rispettivamente di due rette parallele, è il luogo geometrico dei punti equidistanti dai due punti, rispettivamente dalle due rette parallele.

Piano bisettore

Un *piano bisettore* di due rette secanti, rispettivamente di due piani secanti, è il luogo geometrico dei punti a uguale distanza dalle due rette, rispettivamente dai due piani.

4.2.2 Calcolo di volumi e superfici

Il cubo

Se a è la lunghezza di un lato del cubo, allora

$$\text{Volume} = a^3, \quad \text{Area totale} = 6a^2.$$

a

Il prisma retto

$$\begin{aligned} \text{Volume} \quad &= \text{area di base} \cdot \text{altezza,} \\ \text{Area laterale} \quad &= \text{perimetro di base} \cdot \text{altezza.} \end{aligned}$$

h

La piramide regolare

$$\text{Volume} = \frac{1}{3} \cdot \text{area di base} \cdot \text{altezza.}$$

h

Il cilindro di rivoluzione

Se si denota con r il raggio del disco di base del cilindro e h l'altezza del cilindro, si ha

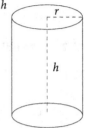

$$\text{Volume} = \pi r^2 h,$$

$$\text{Area laterale} = 2\pi r h,$$

$$\text{Area totale} = 2\pi r(r + h).$$

Il cono di rivoluzione

Se si denota con r il raggio del disco di base del cono, h l'altezza del cono e $l = \sqrt{h^2 + r^2}$ la distanza di un punto dal cerchio che delimita il disco al vertice del cono, si ha

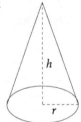

$$\text{Volume} = \frac{1}{3}\pi r^2 h,$$

$$\text{Area laterale} = \pi r l,$$

$$\text{Area totale} = \pi r(r + l).$$

La sfera

Se il raggio della sfera è r, si ha

$$\left| \text{Volume} = \frac{4}{3}\pi r^3, \quad \text{Area} = 4\pi r^2. \right|$$

Il principio di Cavalieri

1. Se tutti i tagli di due superfici piane hanno la stessa lunghezza, allora queste superfici hanno la stessa area.

2. Se tutte le sezioni di due solidi hanno la stessa area, allora questi solidi hanno lo stesso volume.

Esempi. Due parallelogrammi, o due triangoli, con basi e altezze uguali hanno la stessa area; due prismi, o due piramidi, con basi e altezze uguali hanno lo stesso volume. In questo caso si scelgono i tagli e le sezioni parallele alle basi.

4.2.3 Equazione cartesiana di un piano

Un piano è il luogo geometrico dei punti dello spazio ($Oxyz$) che soddisfano un'equazione del tipo

$$ax + by + cz + d = 0.$$

4.2.4 Equazioni cartesiane di una retta

Nello spazio, una retta si può interpretare come l'intersezione di due piani secanti. La retta è dunque il luogo geometrico dei punti le cui coordinate sono soluzioni di un sistema formato dalle equazione di due piani:

$$\begin{cases} a_1 x + b_1 y + c_1 z + d_1 = 0 \\ a_2 x + b_2 y + c_2 z + d_2 = 0 \end{cases}.$$

4.2.5 Equazione cartesiana di una sfera

La sfera è il luogo geometrico dei punti dello spazio a uguale distanza, chiamata *raggio*, da un punto dato, chiamato *centro* della sfera. L'equazione cartesiana di una sfera Σ di centro (x_0, y_0, z_0) e di raggio r è

$$(x - x_0)^2 + (y - y_0)^2 + (z - z_0)^2 = r^2.$$

Un *piano tangente* a una sfera Σ è un piano toccante Σ in un solo punto T. Se questo punto ha per coordinate (x_T, y_T, z_T) l'equazione del piano tangente sarà

$$(x_T - x_0)(x - x_0) + (y_T - y_0)(y - y_0) + (z_T - z_0)(z - z_0) = r^2.$$

Ogni retta del piano tangente passante per il punto T è una *tangente* alla sfera.

4.3 Geometria vettoriale

4.3.1 Vettori

Nel seguito, considereremo solo i vettori di $\mathbb{R}^2$ e $\mathbb{R}^3$.

Se ci mettiamo in $\mathbb{R}^2$, rispettivamente in $\mathbb{R}^3$, un vettore corrisponde ad una coppia, rispettivamente terna, di numeri, chiamati *componenti* del vettore, che definisce una *direzione*, un *orientamento* e una *lunghezza* o una *norma*. In questo modo, se si rappresenta $A(1, 2)$ e $B(3, 5)$ nel piano cartesiano, il vettore $\overrightarrow{AB} = \begin{pmatrix} 2 \\ 3 \end{pmatrix}$ corrisponde graficamente alla "freccia" di origine A e di estremità B (si veda la fig. 4.15).

Se si considerano i punti $C(5, 1)$ e $D(7, 4)$, il vettore $\overrightarrow{CD} = \begin{pmatrix} 2 \\ 3 \end{pmatrix}$ è lo stesso che $\overrightarrow{AB}$. Effettivamente, sebbene non abbiano la stessa origine e la stessa estremità, essi indicano la stessa direzione, lo stesso orientamento e lunghezza.

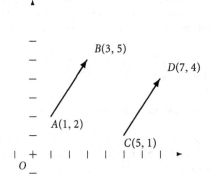

Figura 4.15

Norma di un vettore

Sia $\overrightarrow{u} = \begin{pmatrix} u_1 \\ u_2 \end{pmatrix}$ un vettore dello spazio $\mathbb{R}^2$. La *norma*, denotata con $\| \overrightarrow{u} \|$, è uguale alla lunghezza del vettore $\overrightarrow{u}$. Si ha dunque $\| \overrightarrow{u} \| = \sqrt{u_1^2 + u_2^2}$.

In $\mathbb{R}^3$, la norma del vettore $\overrightarrow{u} = \begin{pmatrix} u_1 \\ u_2 \\ u_3 \end{pmatrix}$ è $\| \overrightarrow{u} \| = \sqrt{u_1^2 + u_2^2 + u_3^2}$.

Se la norma di un vettore vale 1, si dice che il vettore è *normalizzato*, o *unitario*.

Somma di vettori

È possibile sommare due vettori, componente per componente. In questo modo addizionando il vettore $\overrightarrow{u} = \begin{pmatrix} 1 \\ 4 \end{pmatrix}$ con il vettore $\overrightarrow{v} = \begin{pmatrix} 3 \\ 1 \end{pmatrix}$ si ottiene il vettore

$$\vec{w} = \vec{u} + \vec{v} = \begin{pmatrix} 1 \\ 4 \end{pmatrix} + \begin{pmatrix} 3 \\ 1 \end{pmatrix} = \begin{pmatrix} 1+3 \\ 4+1 \end{pmatrix} = \begin{pmatrix} 4 \\ 5 \end{pmatrix}.$$

Se si pone $A(1, 4)$ e $B(4, 5)$, si ha, secondo la fig. 4.16, $\vec{u} + \vec{v} = \vec{w}$, da cui

$$\overrightarrow{AB} = \begin{pmatrix} 3 \\ 1 \end{pmatrix} = \vec{v} = \vec{w} - \vec{u} = \overrightarrow{OB} - \overrightarrow{OA}.$$

In questo modo, se si assegnano due punti $A(a_1, a_2)$ e $B(b_1, b_2)$, si avrà

$$\overrightarrow{AB} = \begin{pmatrix} b_1 \\ b_2 \end{pmatrix} - \begin{pmatrix} a_1 \\ a_2 \end{pmatrix} = \begin{pmatrix} b_1 - a_1 \\ b_2 - a_2 \end{pmatrix}.$$

Allo stesso modo si procede in $\mathbb{R}^3$.

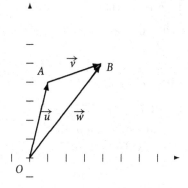

Figura 4.16

Ne deriva la proprietà seguente, chiamata *relazione di Chasles*

$$\overrightarrow{AB} + \overrightarrow{BC} = \overrightarrow{AC}.$$

Proprietà.

(*i*)   Commutativa: $\vec{u} + \vec{v} = \vec{v} + \vec{u}$

(*ii*)   Associativa: $\vec{u} + (\vec{v} + \vec{w}) = (\vec{u} + \vec{v}) + \vec{w}$

(*iii*)   Elemento neutro: $\vec{0} + \vec{u} = \vec{u} = \vec{u} + \vec{0}$

(*iv*)   Elemento inverso: Per ogni vettore $\vec{u}$ esiste un unico vettore, denotato con $-\vec{u}$, tale che:

$$\vec{u} + (-\vec{u}) = (-\vec{u}) + \vec{u} = \vec{0}$$

Moltiplicazione per uno scalare

Moltiplicare un vettore per uno scalare $\alpha \in \mathbb{R}$ non cambia la sua direzione, ma moltiplica la sua lunghezza, o la sua norma, per il fattore $|\alpha|$. Se $\vec{u} = \begin{pmatrix} u_1 \\ u_2 \end{pmatrix}$, allora $\alpha\vec{u} = \begin{pmatrix} \alpha u_1 \\ \alpha u_2 \end{pmatrix}$. L'orientamento è conservato se $\alpha > 0$ e invertito se $\alpha < 0$. Si ha dunque $-\vec{AB} = \vec{BA}$.

Proprietà. $\forall \vec{u}, \vec{v} \in \mathbb{R}^n, \forall \alpha, \beta \in \mathbb{R}$:

$$\alpha(\vec{u} + \vec{v}) = \alpha\vec{u} + \alpha\vec{v}$$
$$(\alpha + \beta)\vec{u} = \alpha\vec{u} + \beta\vec{u}$$
$$\alpha(\beta\vec{u}) = (\alpha\beta)\vec{u}$$
$$1 \cdot \vec{u} = \vec{u}$$

Colinearità e ortogonalità

Due vettori sono *collineari* se uno è il prodotto dell'altro per uno scalare.

Due vettori $\vec{u}$ e $\vec{v}$ sono *ortogonali* se le loro direzioni sono perpendicolari e si scrive $\vec{u} \perp \vec{v}$.

Sistema di riferimento e base

Nel piano, si chiama *sistema di riferimento* ogni tripletta di punti non allineati. Se si prendono tre punti A, B e C in $\mathbb{R}^2$ che formano un sistema di riferimento, allora i vettori $\vec{AB}$ e $\vec{AC}$ non sono collineari. Inoltre, ogni altro vettore $\vec{u}$ di $\mathbb{R}^2$ si può esprimere sotto la forma $\vec{u} = \alpha_1\vec{AB} + \alpha_2\vec{AC}$, dove α_1, α_2 sono dei reali. Si dice allora che questi due vettori formano una *base*. Ogni altra base di $\mathbb{R}^2$ contiene anch'essa due vettori.

Nello spazio, un *sistema di riferimento* è una quadrupla di punti di cui tre formano un sistema di riferimento nel piano e il quarto non è contenuto in questo piano. Se si prendono quattro punti A, B, C e D di $\mathbb{R}^3$ che formano un sistema di riferimento, si potranno costruire tre vettori $\overrightarrow{AB}$, $\overrightarrow{AC}$ e $\overrightarrow{AD}$ tali che ogni altro vettore $\overrightarrow{w}$ di $\mathbb{R}^3$ potrà scriversi nella la forma $\overrightarrow{w} = \alpha_1 \overrightarrow{AB} + \alpha_2 \overrightarrow{AC} + \alpha_3 \overrightarrow{AD}$, dove $\alpha_i \in \mathbb{R}$. Essi definiscono una *base* di $\mathbb{R}^3$.

Un sistema di riferimento $(O; I; J)$ del piano è detto *ortonormato* se

$$\|\overrightarrow{OI}\| = \|\overrightarrow{OJ}\| = 1 \qquad e \qquad \overrightarrow{OI} \perp \overrightarrow{OJ}.$$

Nello spazio, un sistema di riferimento $(O; I; J; K)$ è *ortonormato* se

$$\|\overrightarrow{OI}\| = \|\overrightarrow{OJ}\| = \|\overrightarrow{OK}\| = 1$$

e

$$\overrightarrow{OI} \perp \overrightarrow{OJ}, \quad \overrightarrow{OI} \perp \overrightarrow{OK}, \quad \overrightarrow{OJ} \perp \overrightarrow{OK}.$$

Il prodotto scalare in $\mathbb{R}^2$ e $\mathbb{R}^3$

Il *prodotto scalare* di $\overrightarrow{u}$ e $\overrightarrow{v}$ in $\mathbb{R}^2$, dove $\overrightarrow{u} = \begin{pmatrix} u_1 \\ u_2 \end{pmatrix}$ e $\overrightarrow{v} = \begin{pmatrix} v_1 \\ v_2 \end{pmatrix}$, è il numero reale

$$\overrightarrow{u} \cdot \overrightarrow{v} = u_1 v_1 + u_2 v_2.$$

Il *prodotto scalare* di $\overrightarrow{u}$ e $\overrightarrow{v}$ in $\mathbb{R}^3$, dove $\overrightarrow{u} = \begin{pmatrix} u_1 \\ u_2 \\ u_3 \end{pmatrix}$ e $\overrightarrow{v} = \begin{pmatrix} v_1 \\ v_2 \\ v_3 \end{pmatrix}$ è il numero reale

$$\overrightarrow{u} \cdot \overrightarrow{v} = u_1 v_1 + u_2 v_2 + u_3 v_3.$$

Proprietà del prodotto scalare in $\mathbb{R}^2$ e $\mathbb{R}^3$. $\forall \overrightarrow{u}, \overrightarrow{v} \in \mathbb{R}^n, \forall \alpha \in \mathbb{R}$:

$$\begin{aligned}
\overrightarrow{u} \cdot \overrightarrow{v} &= \overrightarrow{v} \cdot \overrightarrow{u} \\
\overrightarrow{u} \cdot (\overrightarrow{v} + \overrightarrow{w}) &= \overrightarrow{u} \cdot \overrightarrow{v} + \overrightarrow{u} \cdot \overrightarrow{w} \\
\overrightarrow{u} \cdot (\alpha \overrightarrow{v}) &= \alpha(\overrightarrow{u} \cdot \overrightarrow{v}) \\
\overrightarrow{u} \cdot \overrightarrow{u} &\geqslant 0 \\
\overrightarrow{u} \cdot \overrightarrow{u} = 0 &\implies \overrightarrow{u} = \overrightarrow{0}
\end{aligned}$$

Inoltre, si hanno le seguenti relazioni tra la norma e il prodotto scalare.

Proprietà.

$$\|\vec{u}\| = \sqrt{\vec{u} \cdot \vec{u}}$$

$$|\vec{u} \cdot \vec{v}| \leqslant \|\vec{u}\| \, \|\vec{v}\| \quad \text{(Disuguaglianza di Cauchy-Schwarz)}$$

$$\vec{u} \cdot \vec{v} = \frac{1}{2}\left(\|\vec{u} + \vec{v}\|^2 - \|\vec{u}\|^2 - \|\vec{v}\|^2\right)$$

$$\vec{u} \cdot \vec{v} = \|\vec{u}\| \, \|\vec{v}\| \cos\varphi, \text{ dove } \varphi \text{ è l'angolo tra } \vec{u} \text{ e } \vec{v}$$

Il prodotto scalare permette anche di verificare rapidamente se due vettori non nulli sono ortogonali:

$$\vec{u} \cdot \vec{v} = 0 \quad \text{se e solo se} \quad \vec{u} \perp \vec{v} \quad \text{o} \quad \vec{u} = \vec{0} \quad \text{o} \quad \vec{v} = \vec{0}.$$

Effettivamente, $\vec{u} \cdot \vec{v} = \|\vec{u}\| \, \|\vec{v}\| \cos\varphi = 0$; se $\vec{u} \neq 0$, $\vec{v} \neq 0$, allora $\cos\varphi = 0$ da cui $\varphi = \pm\dfrac{\pi}{2}$.

Il prodotto vettoriale

Il prodotto vettoriale di $\vec{u}$ e $\vec{v}$ in $\mathbb{R}^3$, denotato con $\vec{u} \times \vec{v}$ o $\vec{u} \wedge \vec{v}$, è un vettore ortogonale a $\vec{u}$ e $\vec{v}$.

Se $\vec{u}$ e $\vec{v}$ non sono paralleli, allora $\{\vec{u} \, ; \, \vec{v} \, ; \, \vec{u} \times \vec{v}\}$ è una base di $\mathbb{R}^3$ orientata positivamente ("regola della mano destra").

Le componenti del vettore $\vec{u} \times \vec{v}$ sono

$$\vec{u} \times \vec{v} = \begin{pmatrix} u_2 v_3 - u_3 v_2 \\ u_3 v_1 - u_1 v_3 \\ u_1 v_2 - u_2 v_1 \end{pmatrix}.$$

Osservazione. Geometricamente, $\|\vec{u} \times \vec{v}\|$ rappresenta l'area del parallelogramma costruito a partire da $\vec{u}$ e $\vec{v}$.

D'altra parte,

$$\|\vec{u} \times \vec{v}\| = \|\vec{u}\| \, \|\vec{v}\| \, |\sin\varphi|.$$

Proprietà. $\forall \vec{u}, \vec{v} \in \mathbb{R}^3, \forall \alpha \in \mathbb{R}$:

$$\vec{u} \times \vec{v} = -\vec{v} \times \vec{u}$$
$$\vec{u} \times (\vec{v} + \vec{w}) = \vec{u} \times \vec{v} + \vec{u} \times \vec{w}$$
$$(\vec{u} + \vec{v}) \times \vec{w} = (\vec{u} \times \vec{w}) + (\vec{v} \times \vec{w})$$
$$(\alpha \vec{u}) \times \vec{v} = \alpha(\vec{u} \times \vec{v}),$$
$$\vec{u} \times (\vec{v} \times \vec{w}) = (\vec{u} \cdot \vec{w})\vec{v} - (\vec{u} \cdot \vec{v})\vec{w}$$

$\vec{u}$ e $\vec{v}$ sono paralleli se e solo se $\vec{u} \times \vec{v} = \vec{0}$

Il prodotto misto

Il *prodotto misto* dei vettori $\vec{u}$, $\vec{v}$ e $\vec{w}$ in $\mathbb{R}^3$ è il numero reale definito da

$$\vec{u} \cdot (\vec{v} \times \vec{w}) = u_1 v_2 w_3 + u_2 v_3 w_1 + u_3 v_1 w_2 - u_1 v_3 w_2 - u_2 v_1 w_3 - u_3 v_2 w_1.$$

Talvolta, si utilizza la notazione seguente: $\vec{u} \cdot (\vec{v} \times \vec{w}) = [\vec{u}, \vec{v}, \vec{w}]$.

Proprietà. $\forall \vec{u}, \vec{v}, \vec{w} \in \mathbb{R}^n, \forall \lambda \in \mathbb{R}$:

$$[\vec{u}, \vec{v}, \vec{w}] = [\vec{v}, \vec{w}, \vec{u}] = [\vec{w}, \vec{u}, \vec{v}]$$
$$[\vec{u}, \vec{v}, \vec{w}] = -[\vec{u}, \vec{w}, \vec{v}] = -[\vec{v}, \vec{u}, \vec{w}] = -[\vec{w}, \vec{v}, \vec{u}]$$
$$\lambda \cdot [\vec{u}, \vec{v}, \vec{w}] = [\lambda \vec{u}, \vec{v}, \vec{w}] = [\vec{u}, \lambda \vec{v}, \vec{w}] = [\vec{u}, \vec{v}, \lambda \vec{w}]$$
$$[\vec{u} + \vec{u'}, \vec{v}, \vec{w}] = [\vec{u}, \vec{v}, \vec{w}] + [\vec{u'}, \vec{v}, \vec{w}]$$

Osservazione. Geometricamente, $|\vec{u} \cdot (\vec{v} \times \vec{w})|$ rappresenta il volume del parallelepipedo costruito a partire da $\vec{u}$, $\vec{v}$ e $\vec{w}$.

Disuguaglianza di Hadamard.

$$|\vec{u} \cdot (\vec{v} \times \vec{w})| \leqslant \|\vec{u}\| \|\vec{v} \times \vec{w}\| \leqslant \|\vec{u}\| \|\vec{v}\| \|\vec{w}\|.$$

4.3.2 Geometria vettoriale nel piano

Equazione vettoriale di una retta

Siano $A(x_A, y_A)$ e $B(x_B, y_B)$ due punti del piano. Un punto P appartiene al segmento $[AB]$ se e solamente se esiste un reale α, $0 \leqslant \alpha \leqslant 1$, tale che $\overrightarrow{AP} = \alpha \overrightarrow{AB}$, ovvero

$$\overrightarrow{OP} = (1 - \alpha)\overrightarrow{OA} + \alpha\overrightarrow{OB}.$$

Si dice che P divide il segmento $[AB]$ nel rapporto α.

Se M è il punto medio del segmento $[AB]$, si ottiene $\alpha = \frac{1}{2}$ e

$$\overrightarrow{OM} = \frac{1}{2}\left(\overrightarrow{OA} + \overrightarrow{OB}\right) = \left(\frac{x_A + x_B}{2}, \frac{y_A + y_B}{2}\right).$$

La retta di equazione $ax + by + c = 0$ si può scrivere come l'insieme dei punti P che soddisfano l'equazione vettoriale della retta che è della forma

$$\overrightarrow{OP} = \overrightarrow{OA} + \lambda \overrightarrow{d}, \quad \lambda \in \mathbb{R}.$$

A è un punto della retta e $\overrightarrow{d} = \begin{pmatrix} -b \\ a \end{pmatrix}$ è il *vettore direttore* della retta. Se si danno due punti distinti A e B della retta, si può prendere $\overrightarrow{AB}$ come vettore direttore.

Si definisce *vettore normale* alla retta, denotato con $\overrightarrow{n}$, il vettore perpendicolare a $\overrightarrow{d}$. Se la retta ha per equazione cartesiana $ax + by + c = 0$, allora

$$\overrightarrow{n} = \begin{pmatrix} a \\ b \end{pmatrix} \quad e \quad \overrightarrow{n} \cdot \overrightarrow{d} = 0.$$

La **distanza** della retta $ax + by + c = 0$ dal punto $P_1(x_1, y_1)$ è data da

$$\delta = \left| \overrightarrow{AP_1} \cdot \frac{\overrightarrow{n}}{\|\overrightarrow{n}\|} \right| = \frac{|ax_1 + by_1 + c|}{\sqrt{a^2 + b^2}}$$

dove A è un punto della retta.

La **proiezione ortogonale** di P_1 su questa stessa retta è il punto P' tale che

$$\overrightarrow{OP'} = \overrightarrow{OP_1} - \left(\overrightarrow{AP_1} \cdot \frac{\overrightarrow{n}}{\|\overrightarrow{n}\|}\right) \cdot \frac{\overrightarrow{n}}{\|\overrightarrow{n}\|}.$$

Il punto **simmetrico** di P_1 rispetto a questa retta è dunque il punto P'' tale che

$$\overrightarrow{OP''} = \overrightarrow{OP_1} - 2\left(\overrightarrow{AP_1} \cdot \frac{\overrightarrow{n}}{\|\overrightarrow{n}\|}\right) \cdot \frac{\overrightarrow{n}}{\|\overrightarrow{n}\|}.$$

Se $A = (x_A, y_A)$ e $\vec{d} = \begin{pmatrix} d_1 \\ d_2 \end{pmatrix}$ si passa da una rappresentazione della retta ad un'altra secondo la seguente modalità:

$$\overrightarrow{OP} = \overrightarrow{OA} + \lambda \vec{d} \quad \Leftrightarrow \quad \begin{cases} x = x_A + \lambda d_1 \\ y = y_A + \lambda d_2 \end{cases}$$

$$\Leftrightarrow \quad d_2 x - d_1 y - d_2 x_A + d_1 y_A = 0.$$

Poiché $\vec{d_1} \cdot \vec{d_2} = \| \vec{d_1} \| \, \| \vec{d_2} \| \cos\varphi$, l'**angolo** φ tra due rette d_1 e d_2 è dato da

$$\varphi = \arccos \frac{|\vec{d_1} \cdot \vec{d_2}|}{\| \vec{d_1} \| \, \| \vec{d_2} \|} = \arccos \frac{|\vec{n_1} \cdot \vec{n_2}|}{\| \vec{n_1} \| \, \| \vec{n_2} \|}.$$

Le due equazione delle **bisettrici** delle rette $a_i x + b_i y + c_i$, $i = 1, 2$ sono

$$\frac{a_1 x + b_1 y + c_1}{\sqrt{a_1^2 + b_1^2}} = \pm \frac{a_2 x + b_2 y + c_2}{\sqrt{a_2^2 + b_2^2}}.$$

Equazione vettoriale di un cerchio

Vettorialmente, il cerchio è l'insieme dei punti P tali che

$$\| \overrightarrow{P_0 P} \| = r \quad \text{o} \quad \| \overrightarrow{P_0 P} \|^2 = r^2.$$

La **tangente** nel punto $P_1(x_1, y_1)$ del cerchio è l'insieme dei punti P che soddisfano:

$$\overrightarrow{P_0 P_1} \cdot \overrightarrow{P_0 P} = r^2 \quad \text{o} \quad \overrightarrow{P_0 P_1} \cdot \overrightarrow{P_1 P} = 0.$$

4.3.3 Geometria vettoriale nello spazio

Equazione vettoriale di un piano

È possibile definire vettorialmente un **piano** passante per un punto $P_1(x_1, y_1, z_1)$ e di vettori direttori $\vec{u}$ e $\vec{v}$ non collineari. Questo piano è dato dall'insieme dei punti P che verificano

$$\overrightarrow{OP} = \overrightarrow{OP_1} + \lambda \vec{u} + \mu \vec{v} \,, \quad \lambda, \mu \in \mathbb{R}.$$

Se si assegnano altri punti del piano P_2 e P_3, tali che P_1, P_2 e P_3 non siano collineari, si possono prendere come vettori direttori $\overrightarrow{P_1 P_2}$ e $\overrightarrow{P_1 P_3}$.

Se consideriamo l'equazione cartesiana $ax + by + cz + d = 0$ di un piano, il suo **vettore normale** sarà

$$\vec{n} = \begin{pmatrix} a \\ b \\ c \end{pmatrix}$$

e l'equazione del piano si potrà scrivere

$$\vec{n} \cdot \vec{PP_1} = 0.$$

Se si conosce il vettore normale $\vec{n} = \begin{pmatrix} n_1 \\ n_2 \\ n_3 \end{pmatrix}$ e un punto $A = (x_A, y_A, z_A)$ del piano, la sua equazione cartesiana è dunque

$$n_1 x + n_2 y + n_3 z - n_1 x_A - n_2 y_A - n_3 z_A = 0.$$

Osservazione. Per ottenere l'equazione cartesiana di un piano a partire dalla sua equazione vettoriale, si può prendere come vettore normale il vettore $\vec{u} \times \vec{v}$ dove $\vec{u}$ e $\vec{v}$ sono i due vettori direttori del piano.

La **distanza** tra un punto $P_1(x_1, y_1, z_1)$ e il piano $ax + by + cz + d = 0$ contenente il punto A è data da

$$\delta = \left| \vec{AP_1} \cdot \frac{\vec{n}}{\| \vec{n} \|} \right| = \frac{|ax_1 + by_1 + cz_1 + d|}{\sqrt{a^2 + b^2 + c^2}}.$$

La **proiezione ortogonale** di P_1 su questo stesso piano sarà il punto P' tale che

$$\vec{OP'} = \vec{OP_1} - \left(\vec{AP_1} \cdot \frac{\vec{n}}{\| \vec{n} \|} \right) \cdot \frac{\vec{n}}{\| \vec{n} \|}.$$

Si stabilisce la formula per il simmetrico P'' di P_1 rispetto al piano, analogamante a quanto fatto per la retta.

Nello spazio, non è più possibile definire la normale di una retta; vi è infatti un'infinità di rette perpendicolari ad una retta in un punto assegnato di questa retta che generano un piano normale alla retta stessa.
Se $\vec{d}$ è il vettore direttore della retta d, A un punto di d e P un punto non appartenente a d, la distanza di P da d è

$$\delta(P, d) = \left\| \vec{AP} \times \frac{\vec{d}}{\| \vec{d} \|} \right\|$$

e la proiezione ortogonale di P su d sarà il punto P' tale che

$$\overrightarrow{OP'} = \overrightarrow{OA} + \left(\overrightarrow{AP} \cdot \frac{\overrightarrow{d}}{\|\overrightarrow{d}\|} \right) \cdot \frac{\overrightarrow{d}}{\|\overrightarrow{d}\|}.$$

L'**angolo** φ tra due piani aventi per normali $\overrightarrow{n_1}$ e $\overrightarrow{n_2}$ è

$$\varphi = \arccos \frac{|\overrightarrow{n_1} \cdot \overrightarrow{n_2}|}{\|\overrightarrow{n_1}\| \, \|\overrightarrow{n_2}\|}.$$

Se i due piani hanno per equazioni $a_1 x + b_1 y + c_1 z + d_1 = 0$ e $a_2 x + b_2 y + c_2 z + d_2 = 0$, le equazioni dei **piani bisettori** sono date da

$$\frac{a_1 x + b_1 y + c_1 z + d_1}{\sqrt{a_1^2 + b_1^2 + c_1^2}} = \pm \frac{a_2 x + b_2 y + c_2 z + d_2}{\sqrt{a_2^2 + b_2^2 + c_2^2}}.$$

Equazione vettoriale di una sfera

L'equazione vettoriale della sfera di centro $P_0(x_0, y_0, z_0)$ e di raggio r è

$$\|\overrightarrow{P_0 P}\| = r \quad \text{o} \quad \|\overrightarrow{P_0 P}\|^2 = r^2.$$

Il **piano tangente** al punto P_1 della sfera è l'insieme dei punti P che verificano

$$\overrightarrow{P_0 P_1} \cdot \overrightarrow{P_0 P} = r^2 \quad \text{o} \quad \overrightarrow{P_0 P_1} \cdot \overrightarrow{P_1 P} = 0.$$

Soluzioni

Soluzione 4.1. *Teorema di Euclide:*
Utilizzando le relazioni $a^2 + b^2 = c^2$ e $b'^2 + h^2 = b^2$, se ne deduce

$$a^2 = c^2 - b'^2 - h^2 = (a' + b')^2 - b'^2 - (a^2 - a'^2)$$

da cui $2a^2 = 2a'(a' + b')$ e $a^2 = a'c$.
Teorema dell'altezza:
Si può utilizzare il teorema di Euclide per dimostrare il teorema dell'altezza.
Si ha $h^2 = a^2 - a'^2 = a'c - a'^2 = a'(c - a') = a'b'$.

Soluzione 4.2. È il cerchio il cui diametro è l'ipotenusa data. Effettivamente, basta applicare la proprietà dell'angolo inscritto e dell'angolo al centro di un cerchio scegliendo rispettivamente $90°$ e $180°$.

Soluzione 4.3. Siano a, b i cateti e c l'ipotenusa del triangolo cercato; si deve avere

$$a^2 + \left(\frac{a+c}{2}\right)^2 = c^2,$$

da cui, ponendo $\frac{a}{c} = X$, si ha $5X^2 + 2X - 3 = 0$. Si ottiene $X = \frac{3}{5}$ e $(a, b, c) =$ $(3r, 4r, 5r)$, r reale positivo.

Soluzione 4.4. Le coordinate di I sono $(6, 4)$ e il coefficiente angolare di AI è uguale a $-\frac{1}{4}$. Se ne deduce l'equazione di p: $\frac{y+3}{x-1} = 4$ ovvero $4x - y - 7 = 0$.

Soluzione 4.5. Il numero delle tangenti comuni a σ_1 e σ_2 è 0 se σ_1 è interno a σ_2, 1 se σ_1 è tangente internamente a σ_2, 2 se σ_1 e σ_2 si intersecano, 3 se σ_1 è tangente esternamente a σ_2 e 4 se σ_1 è esterno a σ_2.

Soluzione 4.6. L'equazione della retta d passante per i centri O e Ω è data da $12x - 5y = 0$. Si trovano le intersezioni $d \cap \Gamma'$ ovvero i punti $I_1(5, 12)$ e $I_2(-5, -12)$; quindi si calcola $R = \|I\Omega\|$ da cui i raggi dei cerchi tangenti $R_1 = 26$ et $R_2 = 52$.

Soluzione 4.7. *Metodo generale:* si può risolvere il problema utilizzando gli assi di $[AB]$ e $[AC]$ che hanno per equazione, rispettivamente $x - 2y + 5 = 0$ e $x + y - 4 = 0$ e la cui intersezione determina il centro Ω di γ. Il raggio è dato da $\|\overrightarrow{\Omega A}\|$, e ciò permette di stabilire l'equazione del cerchio.

Nel caso presente, l'equazione del cerchio γ è della forma $x^2 + y^2 + \alpha x + \beta y = 0$, poiché $(0, 0) \in \gamma$. Imponendo che B e C appartengano a γ, si ottiene

$$\begin{cases} \alpha - 2\beta = 10 \\ \alpha + \beta = -8 \end{cases}$$

da cui

$$(\alpha, \beta) = (-2, -6) \text{ e } \gamma: (x - 1)^2 + (y - 3)^2 = 10.$$

Soluzione 4.8. Il volume cercato è $V = \frac{1}{3}$(area di base) · (altezza), da cui

$$V = \frac{1}{3}\left(\frac{1}{2}\left\|\overrightarrow{AB} \times \overrightarrow{AC}\right\|\right) \cdot 12 = 2\left\|\overrightarrow{AB} \times \overrightarrow{AC}\right\| = 10.$$

Soluzione 4.9. Le coordinate di un punto D di d sono $(2 + 3\lambda, -3 + \lambda, 1 - 6\lambda)$. Occorre quindi risolvere $1 = \frac{1}{6}|[\overrightarrow{AB}, \overrightarrow{AC}, \overrightarrow{AD}]| = \frac{1}{6}|\overrightarrow{AD} \cdot (\overrightarrow{AB} \times \overrightarrow{AC})|$ da cui $2\lambda - 2 = \pm 6$. Si trovano dunque i due punti, $D_1(14, 1, -23)$ e $D_2(-4, -5, 13)$.

Soluzione 4.10. Utilizzando l'ortogonalità dei vettori direttori o normali, si trova $m = -3$.

Soluzione 4.11.

a) Il vettore $\overrightarrow{AB} = 2(1, 1, 3)$ è normale al piano cercato e $M(3, 2, -1)$, punto medio di $[AB]$, è un punto di questo piano; pertanto la sua equazione risulta: $x + y + 3z = 2$.

b) Il punto C è determinato dall'intersezione di d e del piano assiale di A e B. Utilizzando l'equazione vettoriale di d, $\overrightarrow{r}_d = \overrightarrow{OP} = (3, -1, -2) + \lambda(1, 2, 1)$, si trova $\lambda = 1$ e $C(4, 1, -1)$.

Soluzione 4.12. γ è l'intersezione degli assi $x - y = 1$ e $x + y = 3$, da cui si trova $\Omega(2, 1)$ e l'equazione di γ è $(x - 2)^2 + (y - 1)^2 = \|\overrightarrow{\Omega A}\|^2 = 5$.

Sia $T(\xi, \eta)$ il punto di tangenza di τ; l'equazione di τ è $(\xi - 2)(x - 2) + (\eta - 1)(y - 1) = 5$ e $P \in \tau$ implica $\xi - 3\eta = -6$ da cui, poiché $T \in \gamma$, $(3\eta - 8)^2 + (\eta - 1)^2 = 5$; si ottiene $\eta = 2$ o 3, ciò che determina $T_1(0, 2)$ e $T_2(3, 3)$. Essendo la pendenza di τ negativa, solo T_2 è da considerare: l'equazione di τ è dunque $x + 2y = 9$.

Resta da trovare Q, intersezione di τ e di un cerchio di raggio 13 e centro K, dunque di equazione $(x - 12)^2 + (y - 13)^2 = 169$, il che implica $(-2y - 3)^2 + (y - 13)^2 = 169$ da cui $y = 1$ o $\frac{9}{5}$ e $x = 7$ o $\frac{27}{5}$. Concludendo, $x_Q > 6$ implica che $x_Q = 7, y_Q = 1$.

Soluzione 4.13. La distanza tra un punto $P_2(x_2, y_2, z_2)$ e il piano $ax + by + cz + d = 0$ contenente il punto A è dato da

$$\delta = \left|\overrightarrow{AP_2} \cdot \frac{\overrightarrow{n}}{\|\overrightarrow{n}\|}\right|.$$

Nel nostro caso, le due rette sghembe d_1 e d_2 di vettori direttori $\vec{d_1}$ e $\vec{d_2}$ passano rispettivamente per i punti P_1 e P_2; allora, è sufficiente considerare che d_1 è contenuta nel piano generato da $\vec{d_1}$ e $\vec{d_2}$ e quindi cercare la distanza tra P_2 e questo piano.

Poiché $\vec{d_1} \times \vec{d_2}$ è un vettore normale al piano, la distanza tra le due rette è semplicemente

$$\frac{|\overrightarrow{P_1P_2} \cdot (\vec{d_1} \times \vec{d_2})|}{\|\vec{d_1} \times \vec{d_2}\|}.$$

Soluzione 4.14. Se P' è la proiezione di P su d e α l'angolo tra $\overrightarrow{AP}$ e $\vec{d}$ orientato nel verso positivo, allora

$$\left\| \overrightarrow{AP} \times \frac{\vec{d}}{\|\vec{d}\|} \right\| = \left| \frac{1}{\|\vec{d}\|} \|\overrightarrow{AP}\| \|\vec{d}\| \sin\alpha \right| = |PP'| = \delta(P; d).$$

Soluzione 4.15. Si determina P'', il simmetrico di P rispetto a π; I è allora l'intersezione della retta $(P''Q)$ e del piano π, poiché $|PI| + |IQ| = |P''I| + |IQ|$ è il più corto cammino da P a Q passando per I (proprietà fisica della traiettoria dei raggi luminosi). Si ottiene $I(-11, 4, 5)$ e $\alpha = \pi/4$.

Soluzione 4.16. Per rispondere alla domanda, è sufficiente determinare se la distanza della retta dal centro della sfera è più piccola o più grande del raggio. Per analogia con l'esercizio 4.7, si possono utilizzare dei piani mediani per trovare le coordinate del centro o, equivalentemente, cercare il punto P tale che $\|\overrightarrow{PA}\| = \|\overrightarrow{PB}\| = \|\overrightarrow{PC}\| = \|\overrightarrow{PD}\|$.

Se si denotano con (p_1, p_2, p_3) le coordinate di P, si ha:

$\|\overrightarrow{PA}\| = \|\overrightarrow{PD}\|$ dà $p_1^2 + p_2^2 + p_3^2 = p_1^2 + p_2^2 + p_3^2 - 2p_3 + 1$, da cui $p_3 = 1/2$,

$\|\overrightarrow{PA}\| = \|\overrightarrow{PB}\|$ dà $p_1^2 + p_2^2 + p_3^2 = p_1^2 - 2p_1 + 1 + p_2^2 + p_3^2 - 2p_3 + 1$ da cui $p_1 = 1/2$,

$\|\overrightarrow{PA}\| = \|\overrightarrow{PC}\|$ dà $p_1^2 + p_2^2 + p_3^2 = p_1^2 - 2p_1 + 1 + p_2^2 - 4p_2 + 4 + p_3^2 - 2p_3 + 1$ da cui $p_2 = 1$.

Ne segue che il raggio è $\|\overrightarrow{AP}\| = \frac{\sqrt{6}}{2}$.

Scegliendo come vettore direttore della retta il vettore $\overrightarrow{EF} = (1, 1, 1) = \vec{d}$, si ottiene $\delta(P; d) = \left\| \overrightarrow{EP} \times \frac{\vec{d}}{\|\vec{d}\|} \right\| = \sqrt{2} > \frac{\sqrt{6}}{2} = \sqrt{1,5}$. Pertanto la retta non interseca la sfera.

Soluzione 4.17. Prima di tutto, occorre trovare il piano tangente alla sfera nel punto T. Come equazione di questo piano si trova

$$x + 4y + 8z - 74 = 0.$$

In seguito, si verifica che la retta (ST) passi per il punto P'', il punto simmetrico al punto P rispetto al piano tangente (o equivalentemente se (PT) passa per S''), come avviene effettivamente.
Si può anche controllare che

(1) P è nel piano contenente le rette (ST) e (ΩT),
dove Ω è il centro della sfera;

(2) $\cos(\widehat{ST, \Omega T}) = \cos(\widehat{PT, \Omega T})$.

Soluzione 4.18. L'equazione del piano π, ortogonale a d e passante per P è $x + 2y - 3z = 2$.
Sia I l'intersezione di π e d; allora $\overrightarrow{OI} = \frac{1}{2}(\overrightarrow{OP} + \overrightarrow{OP'})$, ovvero
$\overrightarrow{OP'} = 2\overrightarrow{OI} - \overrightarrow{OP} = 2(3, 1, 1) - (1, 2, 1) = (5, 0, 1)$.

Soluzione 4.19. Siano $G_1 \in g_1$ e $G_2 \in g_2$ due punti scelti e I_1, I_2 le intersezioni rispettive della trasversale con g_1 e g_2. I vettori $\overrightarrow{g_1}$, $\overrightarrow{g_2}$ e $\overrightarrow{t}$ formano una base e si ha $\overrightarrow{G_1 G_2} = \overrightarrow{G_1 I_1} + \overrightarrow{I_1 I_2} + \overrightarrow{I_2 G_2} = \lambda \overrightarrow{g_1} + \tau \overrightarrow{t} + \mu \overrightarrow{g_2}$, da cui, per esempio, $\overrightarrow{G_1 G_2} \cdot (\overrightarrow{t} \times \overrightarrow{g_1}) = \lambda \cdot 0 + \tau \cdot 0 + \mu \overrightarrow{g_2} \cdot (\overrightarrow{t} \times \overrightarrow{g_1})$. Numericamente, con $\overrightarrow{G_1 G_2} = (2, 3, 1) - (1, 4, -1) = (1, -1, 2)$, si ottiene $\mu = -3$ e, con un calcolo analogo, $\lambda = -2$. Allora $\overrightarrow{OI_1} = \overrightarrow{OG_1} + \lambda \overrightarrow{g_1} = (-1, 0, -3)$ e $\overrightarrow{OI_2} = \overrightarrow{OG_2} - \mu \overrightarrow{g_2} = (5, 6, 7)$.

Soluzione 4.20. Si tratta della minima distanza tra le due rette sghembe g_i. La retta (AB) è una trasversale la cui direzione è $\overrightarrow{t} = \overrightarrow{g_1} \times \overrightarrow{g_2} \sim (1, 4, 8)$. Applicando il metodo dell'esercizio 4.19 si ottiene $A(1, 1, 1)$, $B(2, 5, 9)$ da cui $\|\overrightarrow{AB}\| = 9$.

CAPITOLO 5 •

Trigonometria

Esercizi

Esercizio 5.1. Sia C un cerchio avente centro O e raggio $r = 12$cm. Sia α un angolo di centro O che intercetti su C un arco AB di lunghezza $l = 3, 14$cm.

a) Determinare α in radianti ed in gradi (si accetta l'approssimazione $\pi \simeq 3.14$).

b) Dopo aver scritto $\alpha = \beta - \gamma$, ove β e γ sono angoli scelti in modo opportuno, determinare, senza calcolatrice, $\sin \alpha$, $\cos \alpha$ e $\tan \alpha$.

c) Sia P la proiezione ortogonale di A su OB. Trovare la lunghezza di OP e AP.

Esercizio 5.2. Si consideri la funzione reale $f(x) = 3\cos(\pi x + \frac{\pi}{2})$. Provare che f è dispari, periodica di periodo 2 e che $f(x) < 0$ per $x \in]0, 1[$.

Esercizio 5.3. Siano $f(x) = 2\cos(2x + \frac{\pi}{4})$ e $g(x) = 2\sin(2x + \frac{\pi}{4})$.

a) Trovare i punti di intersezione dei grafici di f e g.

b) Provare che la funzione $h(x) = (f(x))^2 + (g(x))^2$ è costante.

Esercizio 5.4. Sia ABC un triangolo. Sapendo che $\widehat{ABC} = \dfrac{\pi}{12}$, $\widehat{BAC} = \dfrac{\pi}{4}$ e $AB = 2\sqrt{3}$, determinare AC e BC.

Esercizio 5.5. Si considerino i domini $D_i = D_i(\alpha_i, r_i, R_i), i = 1, 2$ rappresentati nella fig. 5.1. Determinare R_1 in funzione di r_1 e R_2 nel caso particolare in cui le aree di D_1 e D_2 siano uguali, α_1 sia il doppio di α_2 e $r_2 = R_1$.

Esercizio 5.6. Un carico è issato con l'aiuto di un cavo avvolto su una carrucola di raggio uguale a 12cm. Calcolare la lunghezza del cavo in contatto con la carrucola, sapendo che la porzione di cavo sul quale si esercita la trazione forma un angolo di $15°$ con la verticale.

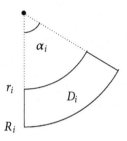

Figura 5.1

Esercizio 5.7. Trovare il periodo della funzione $f\colon x \mapsto 1 + 4\cos(3x + \sqrt{\pi})$.

Esercizio 5.8. Sia ABC un triangolo rettangolo in C. Determinare il seno e il coseno dell'angolo $\widehat{CAB}$ sapendo che $AC = 5$ e $CB = 12$. Determinare, senza la calcolatrice, se $\widehat{CAB}$ è maggiore o minore di $\pi/3$.

Esercizio 5.9. Mostrare che in un triangolo qualunque, non rettangolo, di angoli α, β, γ si ha:

$$\tan\alpha + \tan\beta + \tan\gamma = \tan\alpha\,\tan\beta\,\tan\gamma.$$

Esercizio 5.10. Un battello si trova ai piedi di una scogliera di 600m e prende il mare seguendo il meridiano locale; determinare l'altezza della parte di scogliera ancora visibile dal battello dopo che quest'ultimo ha percorso 80km, cosí come la distanza minima da percorrere per non vedere piú la scogliera. Si consideri la terra come una sfera di raggio uguale a 6370km.

Esercizio 5.11. Un uomo in cammino deve raggiungere di notte un punto B a partire da un punto A. Avanzando alla velocitá di 4km/h, lascia A camminando in linea retta con un angolo di 15° rispetto alla retta $\overline{AB}$. Arrivato ad un punto P, corregge la sua direzione di 40° nel senso adeguato e impiega ancora 15 minuti per raggiungere B. Calcolare la distanza $\overline{AB}$.

Esercizio 5.12. Un osservatore misura, sotto un angolo di 30°, l'altezza di un albero situato di fronte a lui sulla riva opposta di un fiume. Allontanandosi di 20m dalla riva, l'osservatore vede allora l'albero sotto un angolo di 15°. Calcolare la larghezza del fiume cosí come l'altezza dell'albero.

Esercizio 5.13. Risolvere l'equazione: $\quad \sin x + \cos 5x = \cos 3x - \sin 7x$.

Esercizio 5.14. Trovare $A > 0$ e φ tali che:

$$3 \cdot \cos x + 4 \cdot \sin x = A \cdot \cos(x - \varphi), \quad \forall x.$$

Esercizio 5.15. Risolvere l'equazione

$$6 \sin t = \frac{\cos 2t - 5}{\sqrt{\tan X}}$$

essendo X una soluzione di

$$8 \sin 2x + \cos 2x = 10 \cot x - 2.$$

Esercizio 5.16. Risolvere l'equazione seguente per $3\pi < t < \frac{7\pi}{2}$:

$$(\sin t - 2 - \sqrt{3} \cos t)(2 + \sin t - \sqrt{3} \cos t) = 3(\sqrt{2} \sin t - \sqrt{6} \cos t) - 8.$$

Esercizio 5.17. Sia ABC un triangolo tale che $a = 7, b = 8, c = 9$. Determinare l'angolo α' per cui il triangolo $A'B'C'$ abbia la stessa area di ABC, sapendo che $b' = 2\sqrt{5}$ e $c' = 24$.

Esercizio 5.18. Si cerca di determinare la distanza δ di un punto A da un punto B non visibile da A. Spostandosi lungo una semiretta tracciata da A, si scelgano due punti D_1 e D_2 da cui si possono vedere A e B. Avendo misurato le distanze $AD_1 = 600$m e $AD_2 = 700$m così come gli angoli $\angle AD_1B = 56, 25°$ e $\angle AD_2B = 43, 09°$, calcolare la distanza δ.

Esercizio 5.19. Due navi N_1 e N_2 situate sullo stesso meridiano e distanti fra loro d chilometri, osservano un satellite S.
Nel momento in cui la traiettoria di S taglia la verticale di N_1, l'osservatore di N_2 vede il satellite sotto un angolo α. Determinare l'altitudine $h = N_1S$ del satellite (si indichi con r, in km, il raggio della terra supposta sferica).

Esercizio 5.20. Le funzioni trigonometriche seguenti sono periodiche? Se sí, qual è il loro periodo?

a) $f(x) = \sin(\frac{\pi}{14}x) + \cos(\frac{\pi}{91}x)$;

b) $f(x) = \sin x + \sin(\sqrt{2}x)$;

c) $f(x) = \frac{5}{2} + \sin^2 x$.

Esercizio 5.21. Studiare la funzione $h(x) = e^{\sin(\pi x/2)}$.

Elementi di Teoria

5.1 Misura di angoli e lunghezza di archi

La **misura in radianti** di un angolo di vertice O è uguale al numero che rappresenta la lunghezza dell'arco s intercettata dall'angolo su un cerchio di raggio 1 centrato in O (fig. 5.2):

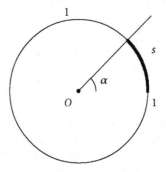

Figura 5.2

Il *radiante* è quindi la misura dell'angolo di vertice O che intercetta su un cerchio di centro O un arco di lunghezza uguale al raggio di tale cerchio.

Il *grado* è la misura dell'angolo di vertice O che intercetta su un cerchio di centro O un arco uguale alla 360ª parte di tale cerchio. Per convertire i gradi in radianti, si ha la formula seguente:

$$\frac{\alpha(rad)}{2\pi} = \frac{\alpha(°)}{360}.$$

Su un cerchio di centro O e raggio r, un angolo al centro di α radianti intercetta un arco di lunghezza

$$l = \alpha \cdot r$$

e l'area del settore circolare così definita è:

$$\sigma = \frac{1}{2}\alpha r^2.$$

5.2 Funzioni trigonometriche in un triangolo rettangolo

Definizioni

Sia $\alpha < \frac{\pi}{2}$ l'angolo corrispondente al vertice A di un triangolo ABC, rettangolo in C (fig. 5.3); si indichi con $\sin\alpha$, $\cos\alpha$, $\tan\alpha$ e $\cot\alpha$ rispettivamente il seno, il coseno, la tangente e la cotangente di α, definiti come segue:

$$\sin\alpha = \frac{a}{c} \qquad\qquad \cos\alpha = \frac{b}{c}$$

$$\tan\alpha = \frac{a}{b} = \frac{\sin\alpha}{\cos\alpha} \qquad\qquad \cot\alpha = \frac{b}{a} = \frac{1}{\tan\alpha}$$

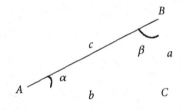

Figura 5.3

Proprietà.

$$\cos^2\alpha + \sin^2\alpha = 1$$

$$\sin\beta = \sin(\pi/2 - \alpha) = \cos\alpha$$

$$\tan\beta = \tan(\pi/2 - \alpha) = \cot\alpha$$

$$\frac{1}{\cos^2\alpha} = 1 + \tan^2\alpha$$

$$\frac{1}{\sin^2\alpha} = 1 + \cot^2\alpha$$

5.3 Il cerchio trigonometrico

I quadranti del cerchio trigonometrico determinano i segni delle coppie
($\cos \alpha$, $\sin \alpha$) (si veda la fig. 5.4).

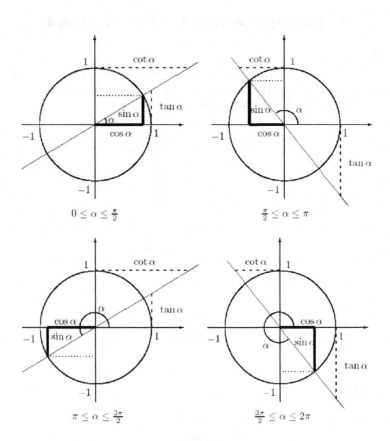

Figura 5.4

5.4   Valori per angoli particolari

Riportiamo i valori delle funzioni trigonometriche per alcuni angoli notevoli (si veda anche la fig. 5.5).

α	$\cos\alpha$	$\sin\alpha$	$\tan\alpha$	$\cot\alpha$
0	1	0	0	n.d.
$\dfrac{\pi}{6}$	$\dfrac{\sqrt{3}}{2}$	$\dfrac{1}{2}$	$\dfrac{\sqrt{3}}{3}$	$\sqrt{3}$
$\dfrac{\pi}{4}$	$\dfrac{\sqrt{2}}{2}$	$\dfrac{\sqrt{2}}{2}$	1	1
$\dfrac{\pi}{3}$	$\dfrac{1}{2}$	$\dfrac{\sqrt{3}}{2}$	$\sqrt{3}$	$\dfrac{\sqrt{3}}{3}$
$\dfrac{\pi}{2}$	0	1	n.d.	0

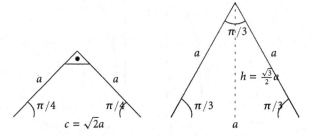

Figura 5.5

5.5 Curve rappresentative e proprietà delle funzioni trigonometriche

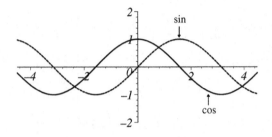

$$\sin: \quad]-\infty, \infty[\longrightarrow [-1, 1];$$
$$\cos: \quad]-\infty, \infty[\longrightarrow [-1, 1].$$

Figura 5.6

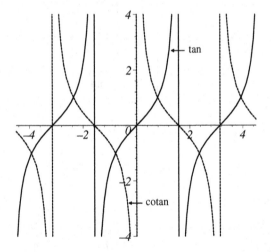

$$\tan: \quad]\tfrac{\pi}{2} + k\pi, \tfrac{\pi}{2} + (k+1)\pi[\longrightarrow]-\infty, \infty[, \quad k \in \mathbb{Z};$$
$$\cot: \quad]k\pi, (k+1)\pi[\longrightarrow]-\infty, \infty[, \quad k \in \mathbb{Z}.$$

Figura 5.7

$$\sin(\alpha + 2\pi n) = \sin(\alpha), \quad n \in \mathbb{Z}$$
$$\cos(\alpha + 2\pi n) = \cos(\alpha), \quad n \in \mathbb{Z}$$

$$\sin(-\alpha) = -\sin(\alpha)$$
$$\cos(-\alpha) = \cos(\alpha)$$

$$\tan(\alpha + n\pi) = \tan(\alpha), \quad n \in \mathbb{Z}$$
$$\cot(\alpha + n\pi) = \cot(\alpha), \quad n \in \mathbb{Z}$$

$$\tan(-\alpha) = -\tan(\alpha)$$
$$\cot(-\alpha) = -\cot(\alpha)$$

La funzione dispari sin è periodica di periodo 2π; si dice anche che essa è 2π-periodica. Ne segue che, per p fissato, il periodo di $\sin(p\alpha)$ è $\dfrac{2\pi}{p}$.

La funzione cos è 2π-periodica e pari, le funzioni tan e cot sono π-periodiche e dispari (si vedano le fig. 5.6 e 5.7).

5.6 Qualche formula

$$\sin(\alpha + \beta) = \sin\alpha\cos\beta + \cos\alpha\sin\beta$$
$$\sin(\alpha - \beta) = \sin\alpha\cos\beta - \cos\alpha\sin\beta$$

$$\cos(\alpha + \beta) = \cos\alpha\cos\beta - \sin\alpha\sin\beta$$
$$\cos(\alpha - \beta) = \cos\alpha\cos\beta + \sin\alpha\sin\beta$$

Dimostrazione grafica di $\sin(\alpha + \beta) = \sin\alpha\cos\beta + \cos\alpha\sin\beta$. Si ha (si veda la fig. 5.8):

$$\begin{aligned}
\sin(\alpha + \beta) &= |AB| = |AE| + |EB| \\
&= |CD| + |EB| \\
&= |OD|\sin\alpha + |BD|\cos\alpha \\
&= \cos\beta\sin\alpha + \sin\beta\cos\alpha
\end{aligned}$$

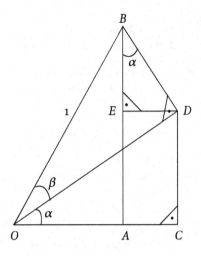

Figura 5.8

Problema. Esprimere $\tan(\alpha + \beta)$ in funzione di $\tan \alpha$ e $\tan \beta$ per mezzo delle quattro formule principali precedenti.

$$\tan(\alpha + \beta) = \frac{\sin(\alpha + \beta)}{\cos(\alpha + \beta)} = \frac{\sin \alpha \cos \beta + \cos \alpha \sin \beta}{\cos \alpha \cos \beta - \sin \alpha \sin \beta}$$

$$= \frac{\cos \alpha \cos \beta \left(\dfrac{\sin \alpha}{\cos \alpha} + \dfrac{\sin \beta}{\cos \beta} \right)}{\cos \alpha \cos \beta \left(1 - \dfrac{\sin \alpha \sin \beta}{\cos \alpha \cos \beta} \right)} = \frac{\tan \alpha + \tan \beta}{1 - \tan \alpha \tan \beta}.$$

In modo analogo, si deducono le formule trigonometriche seguenti:

$$\tan(\alpha + \beta) = \frac{\tan \alpha + \tan \beta}{1 - \tan \alpha \tan \beta} \qquad \tan(\alpha - \beta) = \frac{\tan \alpha - \tan \beta}{1 + \tan \alpha \tan \beta}$$

$$\cot(\alpha + \beta) = \frac{\cot \alpha \cot \beta - 1}{\cot \beta + \cot \alpha} \qquad \cot(\alpha - \beta) = \frac{\cot \alpha \cot \beta + 1}{\cot \beta - \cot \alpha}$$

Si ha d'altra parte:

$$\sin(2\varphi) = \sin(\varphi + \varphi) = \sin\varphi\cos\varphi + \cos\varphi\sin\varphi$$
$$= 2\sin\varphi\cos\varphi,$$

$$\sin\alpha + \sin\beta = 2\sin\frac{\alpha}{2}\cos\frac{\alpha}{2} + 2\sin\frac{\beta}{2}\cos\frac{\beta}{2}$$
$$= 2\left(\sin\frac{\alpha}{2}\cos\frac{\alpha}{2} + \sin\frac{\beta}{2}\cos\frac{\beta}{2}\right)$$
$$= 2\left[\left(\sin\frac{\alpha}{2}\cos\frac{\alpha}{2}\right)\left(\sin^2\frac{\beta}{2} + \cos^2\frac{\beta}{2}\right)\right.$$
$$+ \left.\left(\sin\frac{\beta}{2}\cos\frac{\beta}{2}\right)\left(\sin^2\frac{\alpha}{2} + \cos^2\frac{\alpha}{2}\right)\right]$$
$$= 2\left(\sin\frac{\alpha}{2}\cos\frac{\alpha}{2}\cos^2\frac{\beta}{2} + \sin^2\frac{\alpha}{2}\sin\frac{\beta}{2}\cos\frac{\beta}{2}\right.$$
$$+ \left.\cos^2\frac{\alpha}{2}\sin\frac{\beta}{2}\cos\frac{\beta}{2} + \sin\frac{\alpha}{2}\cos\frac{\alpha}{2}\sin^2\frac{\beta}{2}\right)$$
$$= 2\left[\left(\sin\frac{\alpha}{2}\cos\frac{\beta}{2} + \cos\frac{\alpha}{2}\sin\frac{\beta}{2}\right)\left(\cos\frac{\alpha}{2}\cos\frac{\beta}{2} + \sin\frac{\alpha}{2}\sin\frac{\beta}{2}\right)\right]$$
$$= 2\sin\frac{(\alpha+\beta)}{2}\cos\frac{(\alpha-\beta)}{2},$$

e

$$\sin\alpha\sin\beta = \frac{1}{2}\left[\cos\alpha\cos\beta + \sin\alpha\sin\beta - \cos\alpha\cos\beta + \sin\alpha\sin\beta\right]$$
$$= \frac{1}{2}\left[\cos(\alpha-\beta) - \cos(\alpha+\beta)\right].$$

Riassumiamo di seguito alcune delle identità trigonometriche notevoli, che si trovano procedendo in maniera analoga.

$$\sin(2\varphi) = 2\sin\varphi\cos\varphi$$
$$\cos(2\varphi) = \cos^2\varphi - \sin^2\varphi = 1 - 2\sin^2\varphi = 2\cos^2\varphi - 1$$

$$\sin \frac{\varphi}{2} = \pm \sqrt{\frac{1 - \cos \varphi}{2}}$$

$$\cos \frac{\varphi}{2} = \pm \sqrt{\frac{1 + \cos \varphi}{2}}$$

$$\tan \frac{\varphi}{2} = \pm \sqrt{\frac{1 - \cos \varphi}{1 + \cos \varphi}} = \frac{\sin \varphi}{1 + \cos \varphi} = \frac{1 - \cos \varphi}{\sin \varphi}$$

$$\cot \frac{\varphi}{2} = \pm \sqrt{\frac{1 + \cos \varphi}{1 - \cos \varphi}} = \frac{\sin \varphi}{1 - \cos \varphi} = \frac{1 + \cos \varphi}{\sin \varphi}$$

$$\sin \varphi = \frac{2 \tan \frac{\varphi}{2}}{1 + \tan^2 \frac{\varphi}{2}}$$

$$\cos \varphi = \frac{1 - \tan^2 \frac{\varphi}{2}}{1 + \tan^2 \frac{\varphi}{2}}$$

$$\sin \alpha + \sin \beta = 2 \sin \frac{\alpha + \beta}{2} \cos \frac{\alpha - \beta}{2}$$

$$\cos \alpha + \cos \beta = 2 \cos \frac{\alpha + \beta}{2} \cos \frac{\alpha - \beta}{2}$$

$$\sin \alpha - \sin \beta = 2 \cos \frac{\alpha + \beta}{2} \sin \frac{\alpha - \beta}{2}$$

$$\cos \alpha - \cos \beta = -2 \sin \frac{\alpha + \beta}{2} \sin \frac{\alpha - \beta}{2}$$

$$\tan \alpha + \tan \beta = \frac{\sin(\alpha + \beta)}{\cos \alpha \cos \beta}$$

$$\cot \alpha + \cot \beta = \frac{\sin(\alpha + \beta)}{\sin \alpha \sin \beta}$$

$$\tan \alpha - \tan \beta = \frac{\sin(\alpha - \beta)}{\cos \alpha \cos \beta}$$

$$\cot \alpha - \cot \beta = \frac{-\sin(\alpha - \beta)}{\sin \alpha \sin \beta}$$

$$\sin \alpha \sin \beta = \frac{1}{2}[\cos(\alpha - \beta) - \cos(\alpha + \beta)]$$

$$\cos \alpha \cos \beta = \frac{1}{2}[\cos(\alpha - \beta) + \cos(\alpha + \beta)]$$

$$\sin \alpha \cos \beta = \frac{1}{2}[\sin(\alpha - \beta) + \sin(\alpha + \beta)]$$

$$\cos \alpha \sin \beta = \frac{1}{2}[\sin(\alpha + \beta) - \sin(\alpha - \beta)]$$

$$\tan \alpha \tan \beta = \frac{\tan \alpha + \tan \beta}{\cot \alpha + \cot \beta}$$

$$\tan \alpha \cot \beta = \frac{\tan \alpha + \cot \beta}{\cot \alpha + \tan \beta}$$

$$\cot \alpha \cot \beta = \frac{\cot \alpha + \cot \beta}{\tan \alpha + \tan \beta}$$

5.7 Funzioni inverse di funzioni trigonometriche

Se $y = \sin \alpha$ e $x = \cos \alpha \neq 0$, si ha sempre $\tan \alpha = y/x$; tuttavia,

$$\alpha = \begin{cases} \arctan(y/x) & \text{se } x > 0 \text{ e } y \geqslant 0 \\ \pi + \arctan(y/x) & \text{se } x < 0 \text{ e } y \in \mathbb{R} \\ 2\pi + \arctan(y/x) & \text{se } x > 0 \text{ e } y < 0 \\ \pi/2 & \text{se } x = 0 \text{ e } y > 0 \\ 3\pi/2 & \text{se } x = 0 \text{ e } y < 0 \end{cases}$$

5.8 Equazioni trigonometriche

Si hanno le relazioni seguenti, ove $k \in \mathbb{Z}$ è un intero arbitrario.

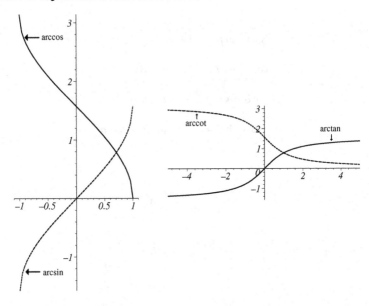

arcsin: $[-1, 1] \longrightarrow [-\frac{\pi}{2}, \frac{\pi}{2}]$ arctan: $\mathbb{R} \longrightarrow]-\frac{\pi}{2}, \frac{\pi}{2}[$

arccos: $[-1, 1] \longrightarrow [0, \pi]$ arccot: $\mathbb{R} \longrightarrow]0, \pi[.$

Figura 5.9

$$\begin{array}{lll} \cos x = 0 & \Leftrightarrow & x = \pi/2 + k\pi \\ \sin x = 0 & \Leftrightarrow & x = k\pi \\ \tan x = 0 & \Leftrightarrow & x = k\pi \\ \cot x = 0 & \Leftrightarrow & x = \pi/2 + k\pi \end{array}$$

$$\cos x = \cos y \quad \Leftrightarrow \quad \begin{cases} x = y + 2k\pi \\ \quad \text{o} \\ x = -y + 2k\pi \end{cases}$$

$$\sin x = \sin y \quad \Leftrightarrow \quad \begin{cases} x = y + 2k\pi \\ \quad \text{o} \\ x = \pi - y + 2k\pi \end{cases}$$

$$\tan x = \tan y \quad \Leftrightarrow \quad x = y + k\pi$$

$$\cot x = \cot y \quad \Leftrightarrow \quad x = y + k\pi$$

5.9   Relazioni trigonometriche in un triangolo qualunque

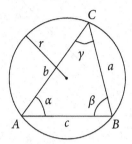

Figura 5.10

Teorema del seno (si veda la fig. 5.10).

$$\frac{a}{\sin \alpha} = \frac{b}{\sin \beta} = \frac{c}{\sin \gamma} = 2r$$

In effetti, come mostra la fig. 5.11, si ha: $\sin \gamma = \dfrac{c/2}{r} = \dfrac{c}{2r}$.

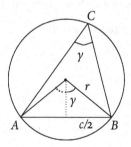

Figura 5.11

Teorema del coseno.

$$a^2 = b^2 + c^2 - 2bc \cos \alpha$$
$$b^2 = c^2 + a^2 - 2ca \cos \beta$$
$$c^2 = a^2 + b^2 - 2ab \cos \gamma$$

Dalla fig. 5.12, si ha:

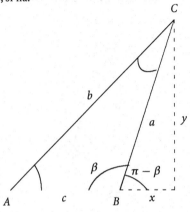

Figura 5.12

$$b^2 = (x + c)^2 + y^2 = x^2 + 2xc + c^2 + y^2 = (x^2 + y^2) + c^2 + 2xc$$
$$= a^2 + c^2 + 2xc.$$

Ora, $\cos(\pi - \beta) = x/a$ e $\cos(\pi - \beta) = -\cos\beta$; si ottiene dunque,

$$b^2 = a^2 + c^2 + 2ac\cos(\pi - \beta) = a^2 + c^2 - 2ac\cos\beta.$$

Formula di Erone.

$$\left| \text{Area del triangolo} = \sqrt{p(p - a)(p - b)(p - c)} \right|$$

essendo $2p = a + b + c$ il perimetro del triangolo.

Soluzioni

Soluzione 5.1.

a) Si ha $l = \alpha \cdot r$, da cui $\alpha(rad) = \dfrac{l}{r} = \dfrac{3,14}{12} \approx \dfrac{\pi}{12}$.

D'altra parte, $\alpha(°) = \dfrac{180}{\pi} \cdot \alpha(rad) = \dfrac{180}{\pi} \cdot \dfrac{\pi}{12} = 15°$.

b) Si scrive $\dfrac{\pi}{12} = \dfrac{\pi}{4} - \dfrac{\pi}{6}$ (o anche $15° = 45° - 30°$) da cui

$$\sin(\frac{\pi}{12}) = \sin(\frac{\pi}{4})\cos(\frac{\pi}{6}) - \cos(\frac{\pi}{4})\sin(\frac{\pi}{6}) = \frac{\sqrt{6} - \sqrt{2}}{4} \approx 0,2588$$

$$\cos(\frac{\pi}{12}) = \cos(\frac{\pi}{4})\cos(\frac{\pi}{6}) + \sin(\frac{\pi}{4})\sin(\frac{\pi}{6}) = \frac{\sqrt{6} + \sqrt{2}}{4} \approx 0,9659$$

e inoltre $\tan(\frac{\pi}{12}) = \dfrac{\sqrt{6} - \sqrt{2}}{\sqrt{6} + \sqrt{2}} \approx 0,2679$.

c) Si ha $OA = r = 12$ cm ovvero $OP = r\cos\alpha = 12\cos(\dfrac{\pi}{12}) \approx 11,591$ cm e $AP = r\sin\alpha = 12\sin(\dfrac{\pi}{12}) \approx 3,105$ cm.

Soluzione 5.2. Si può usare l'identità $\cos\alpha = \sin(\frac{\pi}{2} - \alpha)$ per osservare che $f(x) = 3\sin(-\pi x) = -3\sin(\pi x)$, da cui $f(-x) = 3\sin(\pi x) = -f(x)$ e f è dispari.

Il periodo fondamentale della funzione $\cos$ è 2π, dunque il periodo T di f è tale che $\pi(x + T) + \frac{\pi}{2} = \pi x + \frac{\pi}{2} + 2\pi$, da cui $T = 2$.

Siccome $f(x) = -3\sin(\pi x)$ e $\sin(\pi x) > 0$ per $x \in\,]0, 1[$, si ha $f(x) < 0$ per $x \in\,]0, 1[$.

Soluzione 5.3.

a) Cerchiamo i valori di x che verificano $g(x) - f(x) = 0$, ovvero le soluzioni di $\sin(2x + \frac{\pi}{4}) - \cos(2x + \frac{\pi}{4}) = 0$. Usando le identità $\cos(2x + \frac{\pi}{4}) = \sin(\frac{\pi}{2} - (2x + \frac{\pi}{4})) = \sin(\frac{\pi}{4} - 2x)$ e $\sin\alpha - \sin\beta = 2\cos\dfrac{\alpha + \beta}{2}\sin\dfrac{\alpha - \beta}{2}$ si ottiene $g(x) - f(x) = 0$, o equivalentemente $2\cos\frac{\pi}{4}\sin(2x) = 0$. I valori cercati sono dunque $x_k = k\frac{\pi}{2}, k \in \mathbb{Z}$, soluzioni di $\sin(2x) = 0$. Ne deduciamo che i punti di intersezione dei grafici di f e g sono $P_k\left(k\frac{\pi}{2}, (-1)^k\sqrt{2}\right), k \in \mathbb{Z}$.

b) A partire dall'uguaglianza $\cos^2 \alpha + \sin^2 \alpha = 1$, deduciamo $h(x) = (f(x))^2 + (g(x))^2 = 4 \; \forall x$.

Soluzione 5.4. Grazie al teorema del seno, osservando che $\widehat{ACB} = \pi - (\frac{\pi}{12} + \frac{\pi}{4}) = \frac{2\pi}{3}$, si ottiene

$$AC = \frac{2\sqrt{3}}{\sin(\frac{2\pi}{3})} \sin(\frac{\pi}{12}) = 4 \sin(\frac{\pi}{12}) \approx 1,0352,$$

$$BC = \frac{2\sqrt{3}}{\sin(\frac{2\pi}{3})} \sin(\frac{\pi}{4}) = 4 \sin(\frac{\pi}{4}) \approx 2,8284.$$

Soluzione 5.5. Utilizzando le relazioni $D_i = \frac{1}{2}\alpha_i(R_i^2 - r_i^2), i = 1, 2$ si ottiene

$$R_1 = \sqrt{\frac{1}{3}(2r_1^2 + R_2^2)}.$$

Soluzione 5.6. Sapendo che la lunghezza cercata è $l = \alpha \cdot r$ dove $r = 12\text{cm}$ e $\alpha = 165°$ (da esprimere in radianti), si trova

$$l = 11 \cdot \pi \approx 34,56\text{cm}.$$

Soluzione 5.7. La funzione f è periodica di periodo $\frac{2\pi}{3}$.

Soluzione 5.8. Un semplice calcolo fornisce la lunghezza $AB = 13$ e permette di dedurre, ponendo $\varphi = \widehat{CAB}$, che $\sin\varphi = 12/13, \cos\varphi = 5/13$ e che $\varphi > \pi/3$, poiché $\cos(\pi/3) = 1/2 > 5/13 = \cos\varphi$.

Soluzione 5.9. Si osservi che $\tan(\alpha + \beta)$ può essere espressa in funzione di $\tan\alpha$ e $\tan\beta$ e che vale $-\tan\gamma$.

Soluzione 5.10. L'altezza H ancora visibile dopo 80km è, in metri, $600 - h$; se $r = 6370\text{km}$ è il raggio della terra e φ è l'angolo al centro della terra intercettato dagli 80km percorsi, allora $(r + h)\cos\varphi = r$, da cui $H \approx 97,61\text{m}$. Allo stesso modo, la distanza minima da percorrere per non vedere più la scogliera è $87,427\text{km}$.

Soluzione 5.11. Si applica il teorema del seno e si ottiene $\frac{\overline{AB}}{\sin 140°} = \frac{1\text{km}}{\sin 15°}$, da cui la distanza $\overline{AB} \approx 2,48\text{km}$.

Soluzione 5.12. Larghezza del fiume: 10,48 m; altezza dell'albero: 6,05 m.

Soluzione 5.13. L'equazione è equivalente a

$$2\sin(4x)\cos(3x) = 2\sin(4x)\sin(x),$$

da cui:

$$x = \frac{m\pi}{4} \quad \text{oppure} \quad \frac{\pi}{8} + \frac{n\pi}{2}, \quad m, n \in \mathbb{Z}.$$

Soluzione 5.14. Si deduce che A e φ devono verificare il sistema: $\begin{cases} A\cos\varphi = 3 \\ A\sin\varphi = 4 \end{cases}$,
il che implica: $A = 5$ e $\varphi \approx 0,927\text{rad}$.

Soluzione 5.15. Ponendo $z = \tan x$ ($z \neq 0$), si ottiene $z^3 + 6z^2 + 3z - 10 = 0$ da cui $z \in \{-5, -2, 1\}$; l'unica soluzione ammissibile è $\tan X = 1$. L'equazione data diviene quindi: $\sin t + 1 = 0$ e ha per soluzione $t = -\frac{\pi}{2} + 2k\pi$, $k \in \mathbb{Z}$.

Soluzione 5.16. Si ponga $y = \sin t - \sqrt{3}\cos t$; l'equazione diviene

$$(y - 2)(y + 2) = 3\sqrt{2}y - 8 \quad \text{e si scrive} \quad y^2 - 3\sqrt{2}y + 4 = 0.$$

Essa ammette due radici distinte: $y_1 = \sqrt{2}$ e $y_2 = 2\sqrt{2}$.
Resta da risolvere

$$\sin t - \sqrt{3}\cos t = y_i;$$

possiamo scrivere il membro di sinistra nella forma $A\sin(t - \alpha)$ con $A = 2$, $\cos\alpha = 1/2$ e $\sin\alpha = \sqrt{3}/2$, in cui $\alpha = \pi/3$.
Quindi,

$$\sin\left(t - \frac{\pi}{3}\right) = \frac{\sqrt{2}}{2} \quad \text{o} \quad \sin\left(t - \frac{\pi}{3}\right) = \sqrt{2},$$

il che è impossibile. Di conseguenza

$$\sin\left(t - \frac{\pi}{3}\right) = \sin\frac{\pi}{4} \quad \text{da cui} \quad t - \frac{\pi}{3} = \frac{\pi}{4} + 2k\pi$$

o

$$t - \frac{\pi}{3} = \pi - \frac{\pi}{4} + 2k\pi = \frac{3\pi}{4} + 2k\pi$$

vale a dire:

$$t = \frac{7\pi}{12} + 2k\pi \quad \text{o} \quad \frac{13\pi}{12} + 2k\pi, \ k \in \mathbb{Z}.$$

La condizione $3\pi < t < \frac{7\pi}{2}$ implica allora $t = \frac{37\pi}{12}$.

Soluzione 5.17. Con l'aiuto della formula di Erone si ottiene l'area di un triangolo $ABC = 12\sqrt{5}$ uguale all'area del triangolo $A'B'C'$ che vale $\frac{1}{2}b'c'\sin\alpha'$. Se ne deduce che $\sin\alpha' = 0.5$ da cui $\alpha' = \frac{\pi}{6}$ o $\frac{5\pi}{6}$.

Soluzione 5.18. Utilizzando il teorema del seno nel triangolo BD_1D_2, si trova $D_1B \approx 300\text{m}$, poi con l'aiuto del teorema del coseno nel triangolo BAD_1 si determina δ^2 da cui $\delta = AB \approx 500\text{m}$.

Soluzione 5.19. Si ha (fig. 5.13):

$$\widehat{ON_2S} = \frac{\pi}{2} + \alpha,$$

$$\widehat{N_2SO} = \frac{\pi}{2} - (\alpha + \varphi) \quad \text{dove} \quad \varphi = \frac{d}{r} = \widehat{SON_2}.$$

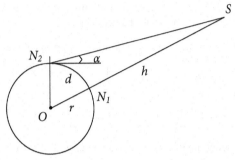

Figura 5.13

Ne segue, per il teorema del seno:

$$\sin\left(\frac{\pi}{2} - (\alpha + \varphi)\right) \over r = \frac{\sin\left(\frac{\pi}{2} + \alpha\right)}{h + r} \quad \text{da cui} \quad \frac{\cos\left(\alpha + \frac{d}{r}\right)}{r} = \frac{\cos\alpha}{h + r}$$

e

$$h = r\left[\frac{\cos\alpha}{\cos\left(\alpha + \frac{d}{r}\right)} - 1\right].$$

Soluzione 5.20.

a) Poniamo $f_1(x) = \sin(\frac{\pi}{14}x)$ e $f_2(x) = \cos(\frac{\pi}{91}x)$. Queste funzioni sono periodiche di periodo rispettivamente $T_1 = 28$ e $T_2 = 182$. La funzione $f = f_1 + f_2$ è periodica di periodo T se è possibile trovare m e n in $\mathbb{N}^*$ tali che $m \cdot 28 = n \cdot 182$; i più piccoli valori sono dunque $m = 13, n = 2$ da cui $T = 364 = PPCM(T_1, T_2)$.

b) In questo caso si devono trovare m e n tali che $2\pi \cdot m = \frac{2\pi}{\sqrt{2}} \cdot n$, il che è impossibile dal momento che $\sqrt{2}$ non è razionale: la funzione f non è quindi periodica.

c) La funzione f si scrive $f(x) = 3 - \frac{1}{2}\cos(2x)$, essa è dunque π-periodica.

Soluzione 5.21. La funzione h è definita su tutto $\mathbb{R}$ dunque $D_h = \mathbb{R}$; essa è periodica di periodo fondamentale 4, dal momento che il periodo fondamentale della funzione sin è 2π. È dunque sufficiente studiarla nell'intervallo $[0, 4]$. Si ha che $h'(x) = \dfrac{\pi}{2}\cos(\dfrac{\pi x}{2})e^{\sin(\frac{\pi x}{2})}$ si annulla in $x = 1$ e $x = 3$, ed è positiva sugli intervalli $[0, 1[$ e $]3, 4]$; dunque h è ivi crescente, e negativa su $]1, 3[$; pertanto h è ivi decrescente. Per trovare gli zeri di $h''(x) = \dfrac{\pi^2}{4}\left(1 - \sin^2(\dfrac{\pi x}{2}) - \sin(\dfrac{\pi x}{2})\right)e^{\sin(\frac{\pi x}{2})}$, si pone $t = \sin(\frac{\pi x}{2})$ e si risolve l'equazione: $t^2 + t - 1 = 0$, ottenendo $t = \sin(\dfrac{\pi x}{2}) = \dfrac{-1 + \sqrt{5}}{2}$ come sola soluzione ammissibile. Si deduce che, nel nostro intervallo, $x = 0,424$ e $x = 1.576$ sono gli zeri di h''. Riassumiamo questi risultati nella tabella seguente:

x	0	0.424	1	1.576	3	4
h'	+		+ 0 −		− 0 +	
h''	+	0	−	− 0	+	+
h	$\nearrow$ 1	$e^{\frac{-1+\sqrt{5}}{2}}$	$\nearrow$ e	$\searrow$ $e^{\frac{-1+\sqrt{5}}{2}}$	$\searrow$ e^{-1}	$\nearrow$ 1

Se ne deduce che h ha un massimo locale in $(1, e)$, un minimo locale in $(3, \frac{1}{e})$, due punti di flesso in $(0.424, e^{0.618})$ e $(1.576, e^{0.618})$ (osserviamo che $0.618 = \frac{-1+\sqrt{5}}{2}$). Essa è concava in $[0.424, 1.576]$ ed è convessa negli intervalli $[0, 0.424]$ e $[1.576, 4]$ e il suo grafico è quello riportato nella fig. 5.14.

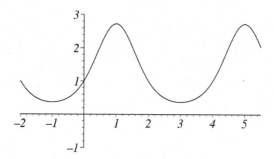

Figura 5.14

CAPITOLO 6

Successioni, serie numeriche e limiti

Esercizi

Esercizio 6.1. Determinare, se esistono, i limiti delle successioni (a_n) seguenti, $n \in \mathbb{N}^*$;

$$a) \ a_n = \pi + \frac{(-1)^{n+1}}{n}; \quad b) \ a_n = \frac{1}{n}[\pi + (-1)^n \cdot n]$$

$$c) \ a_n = \frac{n^2 + n\sqrt{n}\cos \pi n - 1}{2n^2 + n\cos \pi n}.$$

Esercizio 6.2. Sia (x_n) la successione definita da $x_0 = 2, x_1 = 1$ e $2x_{n+1} = 3x_n - x_{n-1}$. Dimostrare per induzione che $x_n = \dfrac{1}{2^{n-1}}$. Dedurre che la successione (x_n) è convergente e trovarne il limite.

Esercizio 6.3. Trovare la somma della serie $\displaystyle\sum_{k=0}^{\infty}(-2)^{-k}$.

Esercizio 6.4. Sia $f(x) = x - [x]$, ove $[x]$ è la parte intera di x definita nella sezione 3.3. Si dia l'espressione di $f(x)$ sull'intervallo $]k, \ k+1[$ in funzione di k, per $k \in \mathbb{Z}$. Dedurne $\displaystyle\lim_{x \to k^+} f(x)$ e $\displaystyle\lim_{x \to k^-} f(x)$, per $k \in \mathbb{Z}$.

Esercizio 6.5. Sia $f(x) = \dfrac{x^3 + x^2|x| + 1}{x^2 - 1}$. Si provi che le rette di equazione $x = -1, x = 1, y = 0$ e $y = 2x$ sono asintoti della funzione f.

Esercizio 6.6. Rispondere alla stessa domanda dell'esercizio 6.1 per le successioni con espressione generale x_n:

a) $\quad x_n = \dfrac{2(n+1)! - n \cdot n!}{(n+2)!}$;

b) $\quad x_n = \dfrac{[1 + 3 + 5 + \cdots + (2n-1)]^2}{(2n-1)^4}$;

c) $\quad x_n = \cos\left[\dfrac{3^n + \pi^n}{3^n + (\pi - \frac{1}{4})^n}\right]^{\frac{1}{n}}$;

d) $\quad x_n = \left[\dfrac{2n^2}{(n+1)(2n+1)}\right]^n$.

Esercizio 6.7. Calcolare $y = \lim\limits_{n \to \infty} y_n$ se $y_n = \dfrac{\sin(n^2 + \ln n)}{\sqrt[7]{n^{11}}}$.

Esercizio 6.8. Sia x_n la successione data da $x_{n+1} = \frac{1}{2}x_n + 3$ e $x_0 = 0$. Calcolare il limite di $(x_n)_{n \in \mathbb{N}}$.

Esercizio 6.9.

a) Trovare la somma della serie $\sum\limits_{k=1}^{\infty} \dfrac{1}{3^k}$.

b) Trovare la somma della serie $\sum\limits_{k=1}^{\infty} \dfrac{k}{3^k}$.

Osservazione: si può scrivere $\dfrac{k}{3^k} = \dfrac{1}{3^k} + \dfrac{k-1}{3^k}$ per $k \geq 2$.

Esercizio 6.10. Sia $\mathcal{C}_1$ un cubo di spigolo $c_1 = c$ dato, volume V_1, la cui base sia posta in Oxy. Si ponga su $\mathcal{C}_1$ un cubo $\mathcal{C}_2$ tale che $V_2 = \frac{1}{2}V_1$ e poi su $\mathcal{C}_2$ un cubo $\mathcal{C}_3$ tale che $V_3 = \frac{1}{2}V_2$, etc . . .

Qual è l'altezza h massima che ci possiamo attendere per l'insieme dei cubi così sovrapposti? Qual è il volume V del solido corrispondente?

Esercizio 6.11. Si consideri un punto O e due semirette p e q tracciate da O, tali che l'angolo φ compreso fra tali rette sia acuto. A partire da un punto $P_1 (\neq O)$ di p, si tracci una perpendicolare a q che tagli q in Q_1; a partire da Q_1, si tracci una perpendicolare a p che tagli p in P_2; e così di seguito.

Sapendo che $OP_1 = a$, calcolare - quando questa somma esiste -

$$L(\varphi) = \lim_{n \to \infty} \sum_{k=1}^{n} (P_k Q_k + Q_k P_{k+1}).$$

Esercizio 6.12. Si considerino in $\mathbb{R}^2$ i vettori orizzontali $\overrightarrow{A_{k-1}A_k}$, $k \in \mathbb{N}^*$, tali che il loro verso sia positivo se k è dispari e negativo se k è pari. Sapendo che $A_0 = O$, $\|\overrightarrow{A_0 A_1}\| = \ell$ e $\|\overrightarrow{A_k A_{k+1}}\| = \frac{1}{2}\|\overrightarrow{A_{k-1} A_k}\|$, calcolare $\lim\limits_{k \to \infty} \|\overrightarrow{OA_k}\|$.

Esercizio 6.13. Utilizzando la definizione di limite di una funzione in un punto, mostrare che $\lim_{x \to 0} \cos x = 1$.

Esercizio 6.14. Determinare, se esistono, i limiti seguenti:

a) $\quad \lim_{x \to +\infty} \dfrac{\sin x}{x}$; b) $\quad \lim_{x \to 0} x \sin \dfrac{1}{x}$.

Esercizio 6.15. Calcolare $\quad \lim e^{1/x\sqrt{|x|}} \quad$ quando x tende a zero.

Esercizio 6.16. Si considerino le funzioni f e g definite da:

$$a) \ f(x) = \begin{cases} \arctan(\frac{1}{x-3}) & \text{se } x \neq 3 \\ \frac{\pi}{2} & \text{se } x = 3 \end{cases},$$

$$b) \ g(x) = \begin{cases} (x+1)^2 & \text{se } x < 1 \\ 4 & \text{se } x = 1 \\ \frac{1}{x} + 3 & \text{se } x > 1 \end{cases}$$

Studiare la continuità di f in $x_0 = 3$ e di g in $x_0 = 1$.

Esercizio 6.17. Studiare la continuità delle funzioni seguenti sul loro dominio di definizione:

a) $f_1(x) = \cos(5x^2 - e^{2x+1})$ b) $f_2(x) = |x|$

c) $f_3(x) = [x]$ d) $f_4(x) = \text{sgn } x$

dove $|x|$ indica il valore assoluto di x, $[x]$ la parte intera di x e sgn x il segno di x, definiti nelle sezioni 1.9 e 3.3.

Esercizio 6.18.

a) Rappresentare graficamente nell'intervallo $-\dfrac{1}{3} \le x \le \dfrac{1}{2}$ la funzione $f(x) = [1 - x^2]$ dove $[x]$ è la parte intera di x.

b) Per quale c la funzione $g(x) = 2[x(2 - x)] + c[\cos \pi x]$ è continua in $x = 1$?

Esercizio 6.19. Determinare gli asintoti delle funzioni seguenti:

a) $\quad f_1(x) = \dfrac{x^2 - x - 2}{2x - 6}$; b) $\quad f_2(x) = \dfrac{x^2 - 1}{x^2 + 1}$.

Elementi di Teoria

6.1 Insiemi

Operazioni booleane
Vedere la sezione 1.11

Insiemi limitati e intervalli
Vedere la sezione 1.8

Intorni

Sia V un sottoinsieme di $\mathbb{R}$ e sia $x \in V$. V è un *intorno* di x in $\mathbb{R}$ se esiste un intervallo aperto $]a, b[\subset V$ tale che $x \in]a, b[$.

Questo equivale a dire che V è un *intorno* di x in $\mathbb{R}$ se esiste $\delta > 0$ tale che $]x - \delta, x + \delta[\subset V$.

Notiamo ancora che se U e V sono due intorni di x in $\mathbb{R}$, allora $U \cap V$ e $U \cup V$ sono ancora intorni di x in $\mathbb{R}$.

6.2 Successioni

Successione

Una *successione numerica* è un'applicazione f di $\mathbb{N}$ in $\mathbb{R}$. Una successione viene indicata con $(x_0, x_1, x_2, \ldots)$ o $(x_n)_{n \in \mathbb{N}}$ o, più brevemente, (x_n).

Successione limitata

Sia (x_n) una successione. Si definisce *insieme dei valori* di (x_n) o *insieme delle immagini* di (x_n) l'insieme dei valori assunti da (x_n). La nozione di successione limitata corrisponde a quella di un insieme limitato quando quest'ultimo rappresenta l'insieme dei valori della successione.

Inoltre, si dirà che (x_n) è *minorata* se esiste $m \in \mathbb{R}$ tale che per ogni $n \in \mathbb{N}$ si ha $x_n \geqslant m$ e che (x_n) è *maggiorata* se esiste $M \in \mathbb{R}$ tale che per qualunque $n \in \mathbb{N}$ si ha $x_n \leqslant M$. Si dirà *limitata* se è sia minorata che maggiorata.

> **Proposizione.**
> La successione (x_n) è limitata se e soltanto se esiste $c \geqslant 0$ tale che $|x_n| \leqslant c$ per ogni $n \in \mathbb{N}$.

Successione monotona

Una successione (x_n) è detta *crescente* (rispettivamente *strettamente crescente*), se $x_n \leqslant x_{n+1}$ (rispettivamente $x_n < x_{n+1}$) per ogni $n \in \mathbb{N}$. È detta *decrescente* (rispettivamente *strettamente decrescente*), se $x_n \geqslant x_{n+1}$ (rispettivamente $x_n > x_{n+1}$) per ogni $n \in \mathbb{N}$. È detta *monotona* se è sempre crescente o sempre decrescente.

Successione convergente

Una successione (x_n) *converge a* $x \in \mathbb{R}$, se ad ogni $\varepsilon > 0$ è possibile associare un intero naturale N_ε tale che per ogni $n \geqslant N_\varepsilon$ si ha $|x_n - x| < \varepsilon$. Si scrive allora

$$\lim_{n \to +\infty} x_n = x.$$

Si dice che la successione (x_n) è *convergente* e ammette per *limite* $x \in \mathbb{R}$.

Osservazione. Quando il limite esiste è unico, il che equivale a dire che tutte le successioni possiedono **al più** un limite.

Proposizione.
Tutte le successioni convergenti sono limitate.

Proprietà dei limiti.
Siano (x_n) e (y_n) due successioni tali che $\lim_{n \to +\infty} x_n = x$ e $\lim_{n \to +\infty} y_n = y$. $\forall \alpha, \beta \in \mathbb{R}$:

$$\lim_{n \to +\infty} (\alpha x_n + \beta y_n) = \alpha x + \beta y. \tag{6.1}$$

$$\lim_{n \to +\infty} x_n y_n = xy. \tag{6.2}$$

$$\lim_{n \to +\infty} \frac{x_n}{y_n} = \frac{x}{y} \quad \text{se} \quad y_n, y \neq 0. \tag{6.3}$$

$$\lim_{n \to +\infty} |x_n| = |x| (= |\lim_{n \to +\infty} x_n|). \tag{6.4}$$

Successione aritmetica

Una *successione aritmetica* è una successione di termine generale $x_n = n \cdot a + d$, $n \in \mathbb{N}$ e $a, d \in \mathbb{R}$. Se $a = 0$, la successione è costante e dunque converge, altrimenti la successione non è convergente.

Successione geometrica

Una *successione geometrica* è una successione di termine generale $x_n = \lambda \cdot a^n$,

$n \in \mathbb{N}$ e $a, \lambda \in \mathbb{R}$. Se $a = 1$, la successione è costante e quindi converge; se $a = -1$ la successione oscilla fra i valori 1 e -1, dunque non è convergente. Per $|a| > 1$ la successione non converge. Per $|a| < 1$ converge verso 0.

Successione di potenze

Sia q un numero razionale positivo; le successioni $\dfrac{1}{n^q}$ e $\dfrac{(-1)^n}{n^q}$, $n \geq 1$, sono convergenti e il loro limite è nullo.

6.2.1 Criteri di convergenza

Criterio dei due carabinieri

Siano (x_n), (u_n) e (v_n) tre successioni tali che (u_n) e (v_n) convergano allo stesso limite L. Se esiste un intero naturale N_0 tale che per ogni $n \geqslant N_0$ si ha $u_n \leqslant x_n \leqslant v_n$, allora anche (x_n) converge a L.

Ne seguono i seguenti criteri di convergenza:

- Sia (x_n) una successione per la quale il limite

$$\rho = \lim_{n \to +\infty} \left| \frac{x_{n+1}}{x_n} \right|$$

esista. Allora, se $\rho < 1$ la successione converge, mentre se $\rho > 1$ la successione non è convergente. Se $\rho = 1$, la successione può essere convergente (per esempio, la successione data da $x_n = 1$ per ogni $n \in \mathbb{N}$) o no (per esempio, la successione data da $x_n = (-1)^n$).

- Sia (x_n) una successione limitata e (y_n) una successione che converge verso 0. Allora, la successione $(x_n y_n)$ converge verso 0.

- ### Criteri di monotonia

  1. Tutte le successioni crescenti e maggiorate convergono verso l'estremo superiore del loro insieme di valori.

  2. Tutte le successioni decrescenti e minorate convergono verso l'estremo inferiore del loro insieme di valori.

  3. Sia (x_n) una successione crescente e (y_n) una successione decrescente tali che

$$\lim_{n \to +\infty} (x_n - y_n) = 0.$$

Allora,

a)   per ogni $n \in \mathbb{N}$: $x_0 \leqslant x_n \leqslant x_{n+1} \leqslant y_{n+1} \leqslant y_n \leqslant y_0$.

b) (x_n) e (y_n) convergono allo stesso limite.

6.2.2   Successioni per ricorrenza

La ricorrenza lineare $x_{n+1} = qx_n + b$

Sia (x_n) definita da

$$x_{n+1} = qx_n + b \quad \text{e} \quad x_0 = a.$$

Il termine generale si può esprimere esplicitamente come segue (dimostrazione per ricorrenza):

$$x_n = x_0 q^n + b\frac{1-q^n}{1-q} = \frac{b}{1-q} + \left(a - \frac{b}{1-q}\right)q^n \quad \text{se} \quad q \neq 1$$

e

$$x_n = a + bn \quad \text{se} \quad q = 1.$$

Sia $q \neq 1$. Da quanto visto in precedenza (successione geometrica) segue il seguente risultato.

Proprietà.

La successione per ricorrenza $x_{n+1} = qx_n + b$ converge per ogni x_0 se e solamente se $|q| < 1$. In questo caso,

$$\lim_{n \to +\infty} x_n = \frac{b}{1-q}.$$

La ricorrenza $x_{n+1} = (1+q)x_n - qx_{n-1}$

Sia data la successione (x_n) definita da

$$x_{n+1} = (1+q)x_n - qx_{n-1} \quad \text{e} \quad x_0 = a_0, \ x_1 = a_1.$$

Il termine generale si può scrivere esplicitamente (dimostrazione per ricorrenza):

$$x_n = \frac{a_1 - qa_0}{1-q} + \frac{a_0 - a_1}{1-q}q^n, \ n \geqslant 2 \quad \text{se} \quad q \neq 1$$

e

$$x_n = a_0 + n(a_1 - a_0) \quad \text{se} \quad q = 1.$$

La successione così definita converge per ogni coppia (a_0, a_1) se e solamente se $|q| < 1$. In questo caso,

$$\lim_{n \to +\infty} x_n = \frac{a_1 - qa_0}{1 - q}.$$

Successioni definite da una relazione di ricorrenza non lineare

Sia data la successione (x_n) definita da

$$x_{n+1} = f(x_n) \quad \text{e} \quad x_0 = a$$

dove f è una funzione continua (vedere la sezione 6.4). Se la successione converge a un limite l, allora l deve verificare l'equazione

$$l = f(l).$$

Così, se si mostra che (x_n) converge, allora il suo limite è una radice determinata L dell'equazione $l = f(l)$ (le altre eventuali soluzioni dovranno essere scartate).

6.3 Serie

Serie di termine generale x_n

Si chiama *serie di termine generale* x_n la coppia formata dalle due successioni (x_n) e (S_n) tali che

$$S_n = \sum_{k=0}^{n} x_k = x_0 + x_1 + \ldots + x_n.$$

x_n è chiamata il *termine* n^{esimo} della serie e S_n la *somma parziale* n^{esima} della serie di termine generale x_n.

Convergenza

Una serie è detta *convergente*, o che *converge*, se la successione (S_n) delle somme parziali converge, ovvero se

$$\lim_{n \to \infty} S_n = S.$$

S è detta *somma della serie*. In questo caso si scrive $S = \sum_{k=0}^{\infty} x_k$.

6.3.1 Esempi di serie

Serie geometrica

Si chiama *serie geometrica* la serie il cui termine generale è $x_n = x^n$. Essa verifica le proprietà seguenti:

1. $$\sum_{k=m}^{n} x^k = \begin{cases} n - m + 1 & \text{se } x = 1 \\[2mm] \dfrac{x^{n+1} - x^m}{x - 1} & \text{se } x \neq 1 \end{cases} ;$$

2. essa converge se e soltanto se $|x| < 1$; in questo caso,

$$\sum_{k=0}^{\infty} x^k = \frac{1}{1 - x}.$$

Serie armonica

Si definisce *serie armonica* la serie il cui termine generale x_n è definito da

$$x_n = \frac{1}{n} \quad \text{e} \quad x_0 = 0;$$

questa serie non converge.

Serie armonica a segni alterni

Si definisce *serie armonica alternata* la serie il cui termine generale x_n è definito da

$$x_n = \frac{(-1)^n}{n} \quad \text{e} \quad x_0 = 0.$$

Essa converge verso $-\ln 2$.

6.4 Limite di una funzione e continuità

Limite di una funzione (reale)

Si dice che una funzione $f : X \to Y$ ha per *limite* il numero l quando x tende a x_0, o f tende a l quando x tende a x_0, se per ogni $\varepsilon > 0$, esiste $\delta > 0$ tale che per $x \in X$,

$$\left| \; 0 < |x - x_0| < \delta \quad \Longrightarrow \quad |f(x) - l| < \varepsilon. \; \right|$$

Sottolineiamo che δ dipende da x_0 e da ε.

Si usa la notazione $\lim\limits_{x \to x_0} f(x) = l$.

Osservazione. Una funzione f tende a l quando x tende a x_0, se e soltanto se per ogni successione (x_n) tendente a x_0, la successione $(f(x_n))$ tende verso l.

Limite a destra e limite a sinistra

Si dice che una funzione $f : X \to Y$ definita a destra (rispettivamente a sinistra) di x_0 ha per *limite destro* (rispettivamente *limite sinistro*) nel punto x_0 il numero l se, per ogni $\varepsilon > 0$, esiste $\delta > 0$ tale che per $x \in X$,

$$\boxed{0 < x - x_0 < \delta \ (\text{risp. } 0 < x_0 - x < \delta) \quad \Longrightarrow \quad |f(x) - l| < \varepsilon.}$$

Si usa la notazione $\lim\limits_{x \to x_0^+} f(x) = l$ (risp. $\lim\limits_{x \to x_0^-} f(x) = l$).

Limite all'infinito

Si dice che $f(x)$ tende a l quando x tende all'infinito se per ogni $\varepsilon > 0$, esiste $N \in \mathbb{R}$ tale che

$$x > N \Rightarrow |f(x) - l| < \varepsilon.$$

Si usa la notazione $\lim\limits_{x \to \infty} f(x) = l$ o $\lim\limits_{x \to +\infty} f(x) = l$.

Diciamo che $f(x)$ tende verso l quando x tende verso meno infinito se per ogni $\varepsilon > 0$, esiste $N \in \mathbb{R}$ tale che

$$x < N \Rightarrow |f(x) - l| < \varepsilon.$$

Si usa la notazione $\lim\limits_{x \to -\infty} f(x) = l$.

Proprietà dei limiti

Le regole (6.1), (6.2), (6.3), (6.4) e il teorema dei due carabinieri stabiliti per i limiti delle successioni possono essere estesi ai limiti delle funzioni.

Proprietà.

Se f, g e h sono delle funzioni definite nell'intorno di a tali che

$$\lim_{x \to a} f(x) = L \qquad e \qquad \lim_{x \to a} g(x) = l,$$

dove a è finito o infinito, e L, l sono finiti, allora, per ogni α, $\beta \in \mathbb{R}$ si ha

$$\lim_{x \to a} (\alpha f(x) + \beta g(x)) = \alpha L + \beta l,$$

$$\lim_{x \to a} f(x) g(x) = Ll,$$

$$\lim_{x \to a} \frac{f(x)}{g(x)} = \frac{L}{l} \qquad se \quad l \neq 0;$$

se in più $L = l$ e $f(x) \leq h(x) \leq g(x)$, allora $\lim_{x \to a} h(x) = l = L$.

Osservazione. I casi dove L, l sono simultaneamente nulli o infiniti possono dare luogo a delle *forme indeterminate* che possono spesso essere eliminate con l'aiuto del teorema di Bernoulli-L'Hospital, vedere la sezione 7.3.

Funzioni continue in x_0

Una funzione f è detta *continua in x_0* se

$$\lim_{x \to x_0} f(x) = f(x_0).$$

Ciò equivale a dire che per ogni $\varepsilon > 0$, esiste $\delta > 0$ tale che

$$\boxed{|x - x_0| < \delta \quad \Rightarrow \quad |f(x) - f(x_0)| < \varepsilon.}$$

In altri termini, il valore limite in $x = x_0$ e il valore di $f(x)$ in tale punto sono uguali.

Funzione continua a destra e continua a sinistra in x_0

Una funzione f è detta *continua a destra in x_0* se

$$\lim_{x \to x_0^+} f(x) = f(x_0).$$

Una funzione f è detta *continua a sinistra in x_0* se

$$\lim_{x \to x_0^-} f(x) = f(x_0).$$

Si osservi che una funzione è continua in x_0 se e soltanto se è continua a destra e a sinistra in x_0.

Funzione continua su un intervallo aperto $]a, b[$

Una funzione f è detta *continua su* $]a, b[$ se è continua in ogni punto $x_0 \in]a, b[$.

Funzione continua su un intervallo chiuso e limitato $[a, b]$

Una funzione f è detta *continua su* $[a, b]$ se $f(x)$ è continua su $]a, b[$, continua a destra in a e continua a sinistra in b.

Operazioni sulle funzioni continue

Siano f e g delle funzioni continue su un intervallo I e h una funzione continua su un intervallo J contenente $f(I)$. Allora $\alpha f + \beta g$ e fg sono continue su I, dove $\alpha, \beta \in \mathbb{R}$, $\dfrac{f}{g}$ è continua su $I \setminus \{$gli zeri di $g\}$ e $h \circ f$ è continua su I.

Funzioni continue particolari

1. Ogni funzione polinomiale $f(x) = a_n x^n + \cdots + a_1 x + a_0$ è continua su $\mathbb{R}$.

2. Una funzione razionale $f(x) = \frac{p(x)}{q(x)}$ è continua in ogni punto x_0 tale che $q(x_0) \neq 0$.

3. Le funzioni esponenziali $f(x) = a^x$ $(a > 0)$ sono continue su $\mathbb{R}$.

4. Le funzioni logaritmiche $f(x) = \log_b(x)$ $(b > 0, \; b \neq 1)$ sono continue su $\mathbb{R}^*_+$.

5. Le funzioni trigonometriche $\sin x$ e $\cos x$ sono continue su $\mathbb{R}$, $\tan x$ è continua in ogni $x_0 \neq (2k + 1)\frac{\pi}{2}$, $k \in \mathbb{N}$ e $\cot x$ è continua in ogni $x_0 \neq k\pi$, $k \in \mathbb{N}$.

Teorema dei valori intermedi

Sia $f : [a, b] \to \mathbb{R}$ una funzione continua. Allora f possiede un massimo M e un minimo m e f assume tutti i valori compresi fra m e M, ovvero Im$f = [m, M]$.

Di conseguenza, se c è un *valore intermedio* compreso fra $f(a)$ e $f(b)$, allora esiste $x_0 \in [a, b]$ tale che $f(x_0) = c$.

In particolare, se $f(a)f(b) < 0$, allora esiste $x_0 \in]a, b[$ tale che $f(x_0) = 0$.

6.5 Asintoti

Asintoti verticali

Si definisce *asintoto verticale* della funzione f la retta d'equazione $x = a$ se

$$\lim_{x \to a^+} f(x) = \pm\infty \quad \text{o} \quad \lim_{x \to a^-} f(x) = \pm\infty.$$

Asintoto orizzontale

Si definisce *asintoto orizzontale* della funzione f in $+\infty$ la retta d'equazione $y = h_1$ se

$$\lim_{x \to +\infty} f(x) = h_1.$$

Allo stesso modo, se $\lim_{x \to -\infty} f(x) = h_2$, la retta d'equazione $y = h_2$ è un *asintoto orizzontale* della funzione f in $-\infty$.

Asintoto obliquo

Si definisce *asintoto obliquo* della funzione f in $+\infty$, la retta d'equazione $y = m_1 x + h_1$, se

$$f(x) = m_1 x + h_1 + \Delta(x) \quad \text{con} \quad \lim_{x \to +\infty} \Delta(x) = 0.$$

In questo caso,

$$m_1 = \lim_{x \to +\infty} \frac{f(x)}{x} \quad \text{e} \quad h_1 = \lim_{x \to +\infty} \left(f(x) - m_1 x\right).$$

La definizione è analoga per un asintoto obliquo della funzione f in $-\infty$.

Soluzioni

Soluzione 6.1.

a) $\lim_{n \to \infty} a_n = \pi$; b) non esiste nessun limite;

c) $a_n = \dfrac{1 + \frac{(-1)^n}{\sqrt{n}} - \frac{1}{n^2}}{2 + \frac{(-1)^n}{n}}$ da cui $\lim_{n \to \infty} a_n = \dfrac{1}{2}$.

Soluzione 6.2. Si ha $x_0 = \dfrac{1}{2^{-1}} = 2$ e $x_1 = \dfrac{1}{2^0} = 1$. Supponiamo che $x_p = \dfrac{1}{2^{p-1}}$

per ogni $0 \le p \le n$; allora $2x_{n+1} = 3x_n - x_{n-1} = \dfrac{3}{2^{n-1}} - \dfrac{1}{2^{n-2}} = \dfrac{1}{2^{n-1}}$ da cui

$x_{n+1} = \dfrac{1}{2^n}$, c.v.d.

La successione (x_n) è una successione geometrica di ragione $\frac{1}{2}$, dunque converge a 0.

Soluzione 6.3. La serie assegnata è geometrica di ragione $q = -\frac{1}{2}$; dunque, la sua somma è $\frac{2}{3}$.

Soluzione 6.4. Se $x \in]k,\ k+1[$, si ha $[x] = k$ per definizione della parte intera di x, da cui $f(x) = x - k$. Dunque:

$$\lim_{x \to k^+} f(x) = \lim_{x \to k^+} x - k = 0, \text{ e}$$

$$\lim_{x \to k^-} f(x) = \lim_{x \to k^-} x - (k-1) = 1.$$

Soluzione 6.5. Per $x \ge 0$, $|x| = x$ e $f(x) = \dfrac{2x^3 + 1}{x^2 - 1}$. Dunque la funzione f non è definita in $x = 1$, e inoltre $\lim_{x \to 1^+} f(x) = +\infty$ e $\lim_{x \to 1^-} f(x) = -\infty$; pertanto la retta di equazione $x = 1$ è un asintoto verticale.

Studiando il limite di $f(x)$ all'infinito, otteniamo

$$\lim_{x \to +\infty} f(x) = \lim_{x \to +\infty} x \frac{2 + \frac{1}{x^3}}{1 - \frac{1}{x^2}} = +\infty,$$

$$\lim_{x \to +\infty} \frac{f(x)}{x} = \lim_{x \to +\infty} \frac{2 + \frac{1}{x^3}}{1 - \frac{1}{x^2}} = 2,$$

$$\lim_{x \to +\infty} f(x) - 2x = \lim_{x \to +\infty} \frac{\frac{1}{x^2} + \frac{2}{x}}{1 - \frac{1}{x^2}} = 0.$$

Ne consegue che la retta $y = 2x$ è un asintoto obliquo per $x \to +\infty$.

Si osservi che $f(x) = 2x + \dfrac{2x+1}{x^2-1}$.

Analogamente, per $x < 0$, $|x| = -x$ e $f(x) = \dfrac{1}{x^2-1}$. La funzione f non è definita in $x = -1$, e inoltre $\lim\limits_{x \to -1^+} f(x) = -\infty$ e $\lim\limits_{x \to -1^-} f(x) = +\infty$; dunque la retta di equazione $x = -1$ è un asintoto verticale.

In $-\infty$ si ha $\lim\limits_{x \to -\infty} f(x) = 0^+$; ne consegue che $y = 0$ è un asintoto orizzontale.

Soluzione 6.6.

a) Il limite cercato è 0; in effetti, $x_n = \dfrac{1}{n+1}$;

b) Si ha $x_n = \dfrac{n^4}{(2n)^4(1-\frac{1}{2n})^4}$, da cui il limite per questa successione è $\dfrac{1}{16}$;

c) Scriviamo: $x_n = \cos\left(\dfrac{\pi}{3} \cdot \dfrac{[1+(q_1)^n]^{1/n}}{[1+(q_2)^n]^{1/n}}\right)$ dove q_1 e q_2 sono positivi < 1, da cui $\lim\limits_{x \to +\infty} x_n = \dfrac{1}{2}$;

d) Si ha $x_n = \dfrac{n^n}{(n+1)^n} \cdot \dfrac{(2n)^n}{(2n+1)^n} = \dfrac{1}{(1+\frac{1}{n})^n} \cdot \dfrac{1}{\sqrt{(1+\frac{1}{2n})^{2n}}}$,

da cui $\lim\limits_{x \to \infty} x_n = e^{-3/2}$ (cf sezione 1.7).

Soluzione 6.7. Dal momento che $0 \le |y_n| \le \dfrac{1}{n^{11/7}}$, $|y_n|$ tende a 0 quando n tende verso l'infinito, da cui $y = 0$.

Soluzione 6.8. Questa è una successione per ricorrenza del tipo $x_{n+1} = qx_n + b$ con $q = \frac{1}{2}$ e $b = 3$, da cui il suo limite è 6.

Soluzione 6.9.

a) Questa serie è geometrica di ragione $q = \frac{1}{3}$, il suo primo termine è $\frac{1}{3}$; la sua somma è dunque

$$\sum_{k=1}^{\infty} \frac{1}{3^k} = \sum_{k=0}^{\infty} \frac{1}{3^k} - 1 = \frac{1}{1-\frac{1}{3}} - 1 = \frac{1}{2}.$$

b) Denotiamo S la somma cercata. Grazie all'osservazione fatta e al punto a), si ottiene

$$S = \sum_{k=1}^{\infty} \frac{1}{3^k} + \sum_{k=2}^{\infty} \frac{k-1}{3^k} = \frac{1}{2} + \frac{1}{3} \sum_{k=2}^{\infty} \frac{k-1}{3^{k-1}}$$

$$= \frac{1}{2} + \frac{1}{3} \sum_{k'=1}^{\infty} \frac{k'}{3^{k'}} = \frac{1}{2} + \frac{1}{3}S.$$

Dall'uguaglianza $S = \frac{1}{2} + \frac{1}{3}S$, si deduce che $S = \dfrac{3}{4}$.

Soluzione 6.10. Dal momento che il cubo $\mathcal{C}_{k+1}$ ha per volume $V_{k+1} = \dfrac{1}{2}V_k$, il suo spigolo è $c_{k+1} = \dfrac{1}{\sqrt[3]{2}}c_k$. Si ha quindi

$$h = \lim_{n\to\infty} \sum_{k=1}^{n} c_k = c \sum_{m=0}^{\infty} \left(\frac{1}{\sqrt[3]{2}}\right)^m = (\sqrt[3]{2} + \sqrt[3]{4} + 2)c$$

e

$$V = V_1 \sum_{m=0}^{\infty} \left(\frac{1}{2}\right)^m = 2c^3.$$

Soluzione 6.11. Dalla fig. 6.1 deduciamo

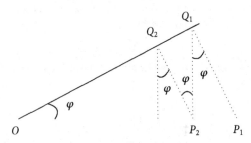

Figura 6.1

$$L(\varphi) = \lim_{n\to\infty} (l + l\cos\varphi + l\cos^2\varphi + \cdots + l\cos^{n+1}\varphi) \quad \text{dove} \quad l = P_1Q_1;$$

$$\text{ne segue che} \quad L(\varphi) = \frac{l}{1-\cos\varphi} = \frac{a\sin\varphi}{1-\cos\varphi}.$$

Soluzione 6.12. Tenuto conto del verso dei vettori $\overrightarrow{A_{k-1}A_k}$, si ottiene:

$$\|\overrightarrow{OA_k}\| = \|\overrightarrow{A_0A_1}\| - \|\overrightarrow{A_1A_2}\| + \|\overrightarrow{A_2A_3}\| - \cdots + (-1)^{k-1}\|\overrightarrow{A_{k-1}A_k}\|$$

$$= \ell - \frac{1}{2}\ell + \frac{1}{4}\ell - \frac{1}{8}\ell + \cdots + \frac{(-1)^{k-1}}{2^{k-1}}\ell.$$

Dunque, $\lim_{k \to \infty} \|\overrightarrow{OA_k}\|$ è la somma della serie geometrica a segni alterni

$(1 - \frac{1}{2} + \frac{1}{4} - \frac{1}{8} + \frac{1}{16} - \cdots)\ell$ che vale $\frac{\ell}{1 + \frac{1}{2}} = \frac{2}{3}\ell.$

Soluzione 6.13. Si ha

$$|\cos x - 1| = 2\sin^2(\frac{x}{2}) = 2|\sin(\frac{x}{2})| \cdot |\sin(\frac{x}{2})| \le 2|\frac{x}{2}| \cdot |\frac{x}{2}| = \frac{x^2}{2} < \varepsilon$$

per $|x| < \sqrt{2\varepsilon} = \delta$; ne segue che $\lim_{x \to 0} \cos x = 1$.

Soluzione 6.14.

a) La funzione $\sin x$ è compresa fra -1 e $+1$; si ha dunque la diseguaglianza:

$$-\frac{1}{x} \le \frac{\sin x}{x} \le \frac{1}{x} \quad \text{per } x > 0.$$

Ora, $\lim_{x \to \infty} \frac{1}{x} = \lim_{x \to \infty} -\frac{1}{x} = 0$, da cui risulta che $\lim_{x \to \infty} \frac{\sin x}{x} = 0$.

b) Analogamente al punto *a)*, dal momento che $-|x| \le x \sin \frac{1}{x} \le |x|$ e che $\lim_{x \to 0} |x| = \lim_{x \to 0} -|x| = 0$, si ha $\lim_{x \to 0} x \sin \frac{1}{x} = 0$.

Soluzione 6.15. Se x tende a zero per valori positivi, si ottiene $\lim_{x \to 0^+} e^{1/x\sqrt{x}} = +\infty$; se x tende a zero per valori negativi, si ottiene $\lim_{x \to 0^-} e^{1/x\sqrt{-x}} = 0$.

Soluzione 6.16.

a) Si calcolano i limiti a destra e a sinistra di $f(x)$ in $x_0 = 3$ e si ottiene:

$$\lim_{x \to 3^+} \arctan(\frac{1}{x-3}) = \frac{\pi}{2} = f(3)$$

da cui f è continua a destra in 3; d'altra parte,

$$\lim_{x \to 3^-} \arctan(\frac{1}{x-3}) = -\frac{\pi}{2} \ne f(3).$$

Quindi, f non è continua a sinistra in 3 e dunque non è continua in $x_0 = 3$.

b) In questo caso si ha:

$$\lim_{x \to 1^-} g(x) = \lim_{x \to 1^-} (x+1)^2 = 4 = \lim_{x \to 1^+} g(x) = \lim_{x \to 1^+} (\frac{1}{x} + 3)$$

e

$$g(1) = 4;$$

dunque $g(x)$ è continua in $x_0 = 1$.

Soluzione 6.17.

a) La funzione $f_1(x) = (h \circ g)(x)$, dove $h(x) = \cos x$ e $g(x) = 5x^2 - e^{2x+1}$ sono funzioni continue su $\mathbb{R}$, è dunque continua su $\mathbb{R}$.

b) La funzione $f_2(x) = |x|$ è definita su $\mathbb{R}$, continua su $\mathbb{R}_+$ poiché $f_2(x) = x$ se $x \geq 0$, continua su $\mathbb{R}_-^*$ poiché $f_2(x) = -x$ se $x < 0$ e verifica $\lim_{x \to 0^-} f_2(x) = 0 = f_2(0)$, ovvero essa è continua a sinistra in 0; essa è dunque continua in 0 e di conseguenza continua su tutto $\mathbb{R}$.

c) La funzione $f_3(x) = [x]$ è definita su $\mathbb{R}$, continua su ciascun intervallo $]n, n+1[$ dove $n \in \mathbb{Z}$, ma non è continua in $x_n = n \in \mathbb{Z}$; in effetti, per $n \in \mathbb{Z}$, $\lim_{x \to n^-} [x] = n - 1$ e $\lim_{x \to n^+} [x] = n$; essa, di conseguenza, è continua a destra su $\mathbb{R}$.

d) La funzione $f_4(x) = \text{sgn } x$ è definita su $\mathbb{R}^*$, è continua su $\mathbb{R}_+^*$ e su $\mathbb{R}_-^*$, dunque sul suo dominio di definizione.

Soluzione 6.18.

a) Si ottiene $f(0) = 1, f(x) = 0$ altrove e dunque $\lim_{x \to 0} f(x) \neq f(0)$.

b) Si ha: $g(1) = 2[1] + c[-1] = 2 - c$.
Per $x = 1 \pm \varepsilon$, $0 < \varepsilon \leq \frac{1}{4}$, si ha $g(1 \pm \varepsilon) = 2[1 - \varepsilon^2] - c[\cos \pi\varepsilon] = 2 \cdot 0 - c \cdot 0$
dal momento che $\frac{\sqrt{2}}{2} \leq \cos \pi\varepsilon < 1$; quindi, $\ell = \lim_{x \to 1} g(x) = 0$ e g è continua se $\ell = g(1)$, da cui $c = 2$.

Soluzione 6.19.

a) La funzione $f_1(x) = \dfrac{x^2 - x - 2}{2x - 6}$ è definita e continua su $\mathbb{R} \setminus \{3\}$. In 3, si ha $\lim_{x \to 3^+} f_1(x) = +\infty$ e $\lim_{x \to 3^-} f_1(x) = -\infty$: la retta d'equazione $x = 3$ è un asintoto verticale. D'altra parte, possiamo scrivere $f_1(x) = \dfrac{x}{2} + 1 + \dfrac{4}{2x - 6}$ e dedurne che $\lim_{x \to \pm\infty} f_1(x) - (\dfrac{x}{2} + 1) = 0$; dunque la retta d'equazione $y = \dfrac{x}{2} + 1$ è un asintoto obliquo di f_1 in $\pm\infty$.

b) La funzione $f_2(x) = \dfrac{x^2 - 1}{x^2 + 1}$ è definita e continua su $\mathbb{R}$ e si ha $\lim_{x \to \pm\infty} f_2(x) = 1$; ne segue che la retta d'equazione $y = 1$ è un asintoto orizzontale di f_2 in $\pm\infty$.

CAPITOLO 7

Calcolo differenziale

Esercizi

Esercizio 7.1. Usando la definizione di derivata $y'(x_0) = \lim\limits_{x \to x_0} \dfrac{y(x) - y(x_0)}{x - x_0}$, determinare $y'(1)$ quando $y(x) = \sqrt{x}$.

Esercizio 7.2. Determinare gli x tali che la derivata della funzione $f(x) = e^x - 2e^{-x}$ sia uguale a 3.

Esercizio 7.3. Trovare l'equazione della tangente t alla curva $\Gamma : y = 2x^2 - x + 1$ parallela alla tangente τ alla curva $\gamma : \eta = x^2 + 3x + 1$ nel punto $P(0, 1)$.

Esercizio 7.4. Per quali x la curva $\sigma : y(x) = e^{\sin x} e^{\cos x}$ ha delle tangenti orizzontali?

Esercizio 7.5. Siano $g(x)$ una funzione continua e positiva in $\mathbb{R}$ e

$$f(x) = \frac{\sin[\alpha x g(x)]}{\sqrt{g(x)}}.$$

Con l'aiuto della relazione fondamentale $f'(x_0) = \lim\limits_{h \to 0} \dfrac{f(x_0 + h) - f(x_0)}{h}$, determinare α affinché $f'(0) = g(0)$.

Esercizio 7.6. Sia γ l'arco di curva d'equazione $y = \dfrac{x^2}{1 + x^2}$, $x \geqslant \dfrac{1}{2}$.
Determinare l'equazione della tangente a γ tracciata dal punto $P(4, 2)$.

Esercizio 7.7. Sia data la funzione f definita da

$$f(x) = \begin{cases} x^2 - 2x & \text{se } x < 0 \\ \dfrac{\sin x}{x^2 + 1} & \text{se } x \geqslant 0 \end{cases} ;$$

(*i*) mostrare che *f* è continua in 0;

(*ii*) *f* è anche derivabile in 0?

Esercizio 7.8. Si considerino le curve

$\gamma_1: y = x^2 - px, x \leqslant 1$ e $\gamma_2: y = q \sin \frac{\pi}{4}x + \cos \frac{\pi}{4}x, x \geqslant 2.$

Si raccordi γ_1 a γ_2 per mezzo di un segmento di retta in $x \in [1, 2]$.

Determinare *p* e *q* affinché la curva Γ ottenuta su ℝ sia ovunque derivabile con continuità.

Esercizio 7.9. Calcolare la derivata delle funzioni seguenti:

$$(i) \;\; e^{\sin(x^3 + \cos x^2)} \qquad\qquad (ii) \;\; \cos^2\left(\frac{x^3 + 1}{x^2 + 1}\right).$$

Esercizio 7.10. Con l'aiuto della formula $[g(f(x))]' = g'(f(x)) \cdot f'(x)$, calcolare le derivate di arctan *x* et arcsin *x*.

Traccia: si ha $f'(x) = \dfrac{[g(f(x))]'}{g'(f(x))}$. Porre $f(x) = \arctan x$ (o arcsin *x*) e scegliere la funzione appropriata per *g*.

Esercizio 7.11. Utilizzando le proprietà dei logaritmi (vedere la sezione 1.7) e della formula $(g \circ f)' = (g' \circ f) \cdot f'$, calcolare le derivate delle funzioni seguenti per $a > 0$ e $x > 0$:

$$(i) \;\; a^x \qquad (ii) \;\; \log_a x \qquad (iii) \;\; x^x.$$

Esercizio 7.12. Calcolare la derivata delle funzioni tanh *x* e argtanh *x* (vedere la sezione 3.3).

Esercizio 7.13. Determinare $b \neq 0$ in modo che $\lim\limits_{x \to 0} \dfrac{1 - bx - e^{-\sin bx}}{x^2} = -b$.

Esercizio 7.14. Calcolare la derivata di $f(x) = \sqrt{x\sqrt{x\sqrt{x\sqrt{x\sqrt{x}}}}}$, $x > 0$.

Esercizio 7.15. Si consideri $f(x) = \sin ax$. Mostrare che $f^{(n)}(x) = a^n \sin(ax + \frac{n\pi}{2})$.

Esercizio 7.16. Determinare gli estremi relativi e l'eventuale minimo assoluto della funzione

$$f(x) = \sqrt[3]{x^3} - 4x^2 + 5x - 2, \;\; x \geqslant 0$$

(si chiedono le coordinate esatte).

Esercizio 7.17. In quale punto *P* della parabola γ d'equazione $y = x^2 - 6x + 3$ la tangente a γ in *P* è parallela a quella della curva $y = x^3 + 6x^2 + 14x - 7$ nel suo punto di flesso?

Esercizio 7.18. Si consideri una cisterna di nafta C formata da un serbatoio cilindrico di asse orizzontale la cui sezione è un disco di raggio $R = 50$cm; la lunghezza del serbatoio è $L = 4$m.

Sapendo che il fluido contenuto in C fuoriesce dal fondo con una portata costante di $\delta = 2$ litri/ora, a quale velocità diminuisce il livello del liquido quando la lancetta indica che esso si trova a 75cm d'altezza dal serbatoio?

Elementi di Teoria

7.1 Nozioni fondamentali

Derivata di una funzione in un punto

Sia f una funzione continua, $x_0 \in D_f$ e $h \neq 0$ un reale tale che $x_0 + h \in D_f$. Diciamo che f è *derivabile* nel punto x_0 se il limite seguente esiste:

$$\lim_{h \to 0} \frac{f(x_0 + h) - f(x_0)}{h}.$$

In questo caso il limite si indica $f'(x_0)$ ed è detto *derivata di f in x_0*. Per una funzione derivabile in x_0, possiamo scrivere di conseguenza

$$f(x_0 + h) = f(x_0) + f'(x_0) \cdot h + h \cdot r(h) \quad \text{dove} \quad \lim_{h \to 0} r(h) = 0$$

ne segue che $f(x)$ è continua in $x = x_0$.

Funzione derivata

Sia $D(f')$ l'insieme degli elementi di X per i quali la funzione $f : X \rightarrow Y$ è derivabile. Se $D(f')$ non è vuoto, l'applicazione di $D(f')$ in $\mathbb{R}$ che, ad ogni elemento x di $D(f')$, fa corrispondere il numero reale $f'(x)$ è chiamata *funzione derivata* di f o la *derivata* di f. La si indica con f' o $\dfrac{df}{dx}$. L'operatore $\dfrac{d}{dx}$ è un *operatore differenziale*.

Se $f(x) = y$, si ha la relazione $f'(x) = \dfrac{df(x)}{dx} = \dfrac{dy}{dx}$, da cui $dy = f'(x)dx$; si definisce dy il *differenziale* di y.

> **Teorema.**
> Sia f una funzione definita sull'intervallo aperto I; se $f'(x)$ esiste su I, allora f è continua su I.

Osservazione. Una funzione continua f può ammettere una derivata f' non continua. Si indica $C^1(I)$ l'insieme delle funzioni *derivabili con continuità* su I, ovvero le funzioni la cui derivata è continua su I.

Interpretazione geometrica

La pendenza della retta secante passante per i punti $(x_0, f(x_0))$ e $(x_0 + h,$

$f(x_0 + h))$ è uguale a

$$\frac{f(x_0 + h) - f(x_0)}{h}.$$

Quando h tende a 0 la secante tende verso la tangente di f in x_0 (si veda la fig. 7.1). $f'(x_0)$ è dunque la pendenza della retta tangente a f in x_0 e l'equazione di questa tangente è:

$$y = f'(x_0) \cdot (x - x_0) + f(x_0).$$

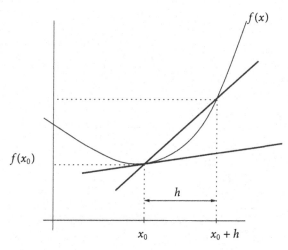

Figura 7.1

Interpretazione fisica (meccanica)

La nozione di derivata (o, più in generale, il calcolo differenziale) è stata sviluppata per rispondere a certi bisogni della fisica. Il suo sviluppo è dovuto soprattutto a Newton e Leibniz.

Dal punto di vista della meccanica, se $x(t)$ rappresenta l'ascissa della posizione di una particella al passare del tempo, la sua derivata $x'(t)$ rappresenta la velocità di tale ascissa, come mostra la fig. 7.2 (dove abbiamo indicato la velocità con $v(t)$).

Come abbiamo visto in precedenza, il valore della velocità (fig. 7.2 in basso) a un istante dato corrisponde alla pendenza della tangente, allo stesso istante, nella figura in alto.

Va inoltre sottolineato che, in questo esempio, l'area del dominio situato fra la curva della velocità e l'asse t ha un valore uguale alla distanza percorsa

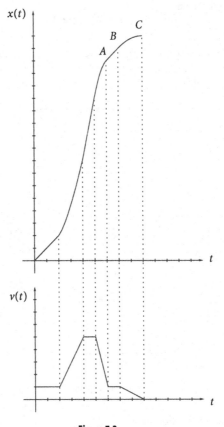

Figura 7.2

dall'ascissa (ordinata finale nella fig. 7.2 in alto) (cfr. capitolo 8).
Si noti, a titolo di esempio, che AB è un segmento di retta e BC un arco di
parabola.

Derivata a sinistra e derivata a destra

Una funzione $f: X \to Y$ definita a destra di un punto x_0 del suo dominio di
definizione è detta *derivabile a destra* in x_0 se esiste il limite seguente:

$$\lim_{h \to 0^+} \frac{f(x_0 + h) - f(x_0)}{h}.$$

Tale limite si indica $f'(x_0^+)$ e si dice *derivata a destra* di f in x_0.
In maniera analoga definiamo la derivata a sinistra:

$$f'(x_0^-) = \lim_{h \to 0^-} \frac{f(x_0 + h) - f(x_0)}{h} = \lim_{k \to 0^+} \frac{f(x_0) - f(x_0 - k)}{k}.$$

Proposizione.
Una funzione f è derivabile in x_0 se e soltanto se

$$f'(x_0^-) = f'(x_0^+) = f'(x_0).$$

7.2 Regole di derivazione e derivate di funzioni elementari

Se f e g sono derivabili (o differenziabili) su I, si hanno le seguenti

Regole di derivazione.

$$(i) \quad \big(\alpha f(x) + \beta g(x)\big)' = \alpha f'(x) + \beta g'(x)$$

$$(ii) \quad \big(f(x) \cdot g(x)\big)' = f'(x) \cdot g(x) + f(x) \cdot g'(x)$$

$$(iii) \quad \left(\frac{f(x)}{g(x)}\right)' = \frac{f'(x) \cdot g(x) - f(x) \cdot g'(x)}{(g(x))^2}$$

$$(iv) \quad \big(g(f(x))\big)' = g'(f(x)) \cdot f'(x)$$

La proprietà (iv) si scrive anche

$$\frac{dg\big(f(x)\big)}{dx}\bigg|_{x=x_0} = \frac{dg(y)}{dy}\bigg|_{y=f(x_0)} \frac{df(x)}{dx}\bigg|_{x=x_0}.$$

Derivate delle funzioni inverse
Se $f(x)$ è una funzione biiettiva derivabile, la relazione $y = f^{-1}(x)$ implica
$x = f(y)$ e $dx = f'(y)dy$, da cui $\dfrac{dy}{dx} = \dfrac{1}{f'(y)}$ vale a dire

$$\left| [f^{-1}(x)]' = \frac{1}{f'(f^{-1}(x))} \cdot \right|$$

Esempio.
$f(x) = \sinh x$; la funzione inversa è indicata con $f^{-1}(x) = \operatorname{argsinh} x$, x reale.
Allora,

$$(\operatorname{argsinh} x)' = \frac{1}{\cosh(\operatorname{argsinh} x)} = \frac{1}{\sqrt{1 + \sinh^2(\operatorname{argsinh} x)}} = \frac{1}{\sqrt{1 + x^2}}.$$

Alcune derivate

$f(x)$	$f'(x)$
a	0
x^p	px^{p-1} $(p \in \mathbb{R})$
$|x|$	$\operatorname{sgn} x$ $(x \neq 0)$
$\ln x$	$\dfrac{1}{x}$
e^x	e^x
$\sin x$	$\cos x$
$\cos x$	$-\sin x$
$\tan x$	$\dfrac{1}{\cos^2 x} = 1 + \tan^2 x$
$\cot x$	$-\dfrac{1}{\sin^2 x} = -(1 + \cot^2 x)$

Tabella 7.1

Nota. Se p è un qualsiasi numero reale, x^p non è definito che per $x > 0$.
Per mezzo delle regole di derivazione e della tabella 7.1, è possibile calcolare qualunque derivata (cf. esercizi).

7.3   Teoremi

Teorema di Rolle
Se f è una funzione continua su $[a, b]$, derivabile su $]a, b[$ con $f(a) = f(b)$, allora esiste $c \in]a, b[$ tale che $f'(c) = 0$.

Teorema di Lagrange (o degli incrementi finiti) (fig. 7.3)
Se f è una funzione continua su $[a, b]$, derivabile su $]a, b[$, allora esiste $c \in]a, b[$ tale che

$$f'(c) = \frac{f(b) - f(a)}{b - a}.$$

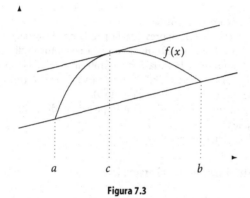

Figura 7.3

Per calcolare certe espressioni indeterminate del tipo $\frac{0}{0}$, si può utilizzare il

Teorema di Bernoulli-L'Hospital
Siano f e g due funzioni derivabili in a tali che $f(a) = g(a) = 0$. Allora, se $g'(a) \neq 0$ e se $\lim\limits_{x \to a} \dfrac{f'(x)}{g'(x)}$ esiste, si ha

$$\lim_{x \to a} \frac{f(x)}{g(x)} = \lim_{x \to a} \frac{f'(x)}{g'(x)}.$$

Questo teorema può essere generalizzato al caso in cui f e g non siano definite in a.

7.4 Derivate di ordine superiore

Se f' è essa stessa derivabile, scriviamo $(f')' = f''$ (diciamo che f'' è la *derivata seconda di f*) e analogamente: $f''', f^{(4)}, \ldots, f^{(n)}$. Introduciamo l'operatore di derivata *n*-esima come segue:

$$f^{(n)}(x) = \frac{df^{(n-1)}(x)}{dx} = \frac{d^n f(x)}{dx^n}.$$

Definiamo $C^k(I)$ come l'insieme delle funzioni k volte derivabili su I, tali che $f^{(k)}$ siano continue (per convenzione, $C^0(I)$ è l'insieme delle funzioni continue su I). Si hanno dunque le inclusioni seguenti:

$$C^{k+1}(I) \subset C^k(I) \subset \ldots \subset C^0(I).$$

Interpretazione geometrica e fisica

Abbiamo visto che $f'(x_0)$ rappresenta la pendenza della tangente a $f(x)$ in x_0, ovvero la variazione infinitesimale di $f(x)$ nell'intorno di x_0. Allo stesso modo, $f''(x_0)$ rappresenta la variazione infinitesimale di $f'(x)$ in x_0, ovvero la *convessità* di $f(x)$ in x_0. Se $f''(x_0) \geqslant 0$ la curva di $f(x)$ è *convessa* in x_0; se $f''(x_0) \leqslant 0$ è *concava* in x_0 (vedere capitolo 3).

Da un punto di vista fisico, se $x(t)$ è la posizione di una particella che si muove sull'asse Ox e $v(t) = x'(t)$ la sua velocità, $x''(t) = v'(t)$ rappresenterà la variazione di velocità, ovvero l'accelerazione.

7.4.1 Caratterizzazione degli estremi

Sia $f \in C^0(I)$. È possibile caratterizzare gli estremi di una funzione per mezzo delle sue derivate. Se $(x_0, f(x_0))$ è un estremo, allora x_0 appartiene a uno dei tre insiemi seguenti:

1. gli estremi (eventuali) di I;

2. i punti interni di I dove f' non esiste;

3. i punti interni di I dove f' esiste ed è nulla.

Per il caso (3), supponiamo che f' esista su $]x_0 - \alpha, x_0 + \alpha[\subset I$.

$$\begin{cases} f'(x) < 0 & \text{per } x_0 - \alpha < x < x_0 \\ f'(x_0) = 0 & \qquad\qquad \implies f(x_0) \text{ è un minimo} \\ f'(x) > 0 & \text{per } x_0 < x < x_0 + \alpha \end{cases}$$

(analogamente per il caso di un massimo, scambiando i segni $<$ e $>$ per $f'(x)$).

Quindi: se $f'(x)$ cambia segno in $x = x_0$ allora f possiede un estremo in $(x_0, f(x_0))$.

La derivata seconda permette di studiare il cambiamento di segno di f' e dunque di caratterizzare gli estremi. Se $f'(x_0) = 0$ allora:

$$\left|\begin{array}{l} f''(x_0) > 0 \quad \Rightarrow \quad (x_0, f(x_0)) \text{ è un minimo locale.} \\ f''(x_0) < 0 \quad \Rightarrow \quad (x_0, f(x_0)) \text{ è un massimo locale.} \end{array}\right.$$

7.4.2 Variazioni locali del grafico di *f*

Se $f' > 0$ (rispettivamente $f' < 0$), per ogni $x \in I$, la funzione è strettamente crescente (rispettivamente strettamente decrescente) su tale intervallo.

Se $f'(x_0) = 0$, il grafico di f possiede una *tangente orizzontale* in $(x_0, f(x_0))$.

Se f è continua in x_0 e se $f'(x_0^-) \neq f'(x_0^+)$ esiste, il grafico di f possiede un *punto angoloso* in $(x_0, f(x_0))$.

Se f è continua in x_0 e se $\lim_{x \to x_0} |f'(x)| = +\infty$, il grafico di f possiede una *tangente verticale* in $(x_0, f(x_0))$.

Punto di flesso

Il punto $(x_0, f(x_0))$ è un *punto di flesso* del grafico di f se la curva γ di f attraversa la tangente a γ in x_0. Più precisamente, se l'equazione della tangente è $y(x) = f(x_0) + f'(x_0) \cdot (x - x_0)$, allora

$$f(x) - y(x) \text{ cambia segno in } x = x_0 \implies (x_0, f(x_0)) \text{ è un punto di flesso.}$$

Se f'' cambia segno nell'intorno di x_0, ovvero se f cambia convessità in x_0, il grafico possiede comunque un *punto di flesso* in $(x_0, f(x_0))$. Nel caso in cui $f'(x_0) = 0$ il punto di flesso è a tangente orizzontale, altrimenti è detto a tangente obliqua.

Soluzioni

Soluzione 7.1. Si ha:

$$y'(1) = \lim_{x \to 1} \frac{\sqrt{x} - \sqrt{1}}{x - 1} = \lim_{x \to 1} \frac{\sqrt{x} - 1}{(\sqrt{x} - 1)(\sqrt{x} + 1)} = \lim_{x \to 1} \frac{1}{\sqrt{x} + 1} = \frac{1}{2}.$$

Soluzione 7.2. Si deve risolvere $f'(x) = e^x + 2e^{-x} = 3$, il che ci dà l'equazione $(e^x)^2 - 3e^x + 2 = 0$ da cui $e^x = 1$ o $e^x = 2$, ovvero $x = 0$ o $x = \ln 2$.

Soluzione 7.3. Siano μ la pendenza di r e m quella di t. Si ha $\mu = \eta'(0) = (2x + 3)\big|_0 = 3$ e $m = 4x - 1 = \mu = 3$ da cui $x = 1$ e $y = 2$. Se ne deduce l'equazione di t: $3x - y - 1 = 0$.

Soluzione 7.4. Si deve avere

$$0 = y'(x) = \left(e^{\sin x + \cos x}\right)' = (\cos x - \sin x)\, e^{\sin x + \cos x},$$

da cui $\tan x = 1$ e dunque $x_k = \pi(k + \frac{1}{4})$, $k \in \mathbb{Z}$.

Soluzione 7.5. Si ha $x_0 = 0$, $f(0) = 0$ e

$$f'(0) = \lim_{h \to 0} \frac{f(h)}{h} = \lim_{h \to 0} \frac{\sin[\alpha h g(h)]}{h \alpha g(h)} \cdot \alpha\sqrt{g(h)} = \alpha\sqrt{g(0)}$$ dal momento che

$\lim_{t \to 0} \frac{\sin t}{t} = 1$.

Segue che la condizione $f'(0) = g(0)$ implica $\alpha = \sqrt{g(0)}$.

Soluzione 7.6. L'equazione della tangente è $y = \frac{1}{2}x$.

In effetti, se x_P, y_P sono le coordinate di P e $(x_T, y_T) \in \gamma$ è il punto di tangenza a γ, si ha $\frac{y_T - y_P}{x_T - x_P} = y'\big|_{x_T}$ da cui $x^4 + 5x^2 - 8x + 2 = 0$ che possiede una sola radice $\geqslant \frac{1}{2}$. Poiché possiamo scrivere, dopo opportuna fattorizzazione,

$$x^4 + 5x^2 - 8x + 2 = (x - 1)(x^3 + x^2 + 6x - 2) = (x - 1)P_3(x),$$

avendo $P_3'(x) > 0$ per $x > 0$ e $P_3(\frac{1}{2}) > 0$, allora $P_3(x) > 0$ per $x > \frac{1}{2}$.

Soluzione 7.7.

(i) È sufficiente mostrare che

$$\lim_{x \to 0^-} f(x) = \lim_{x \to 0^+} f(x) = f(0)$$

ovvero

$$\lim_{x \to 0^-} (x^2 - 2x) = \lim_{x \to 0^+} \frac{\sin x}{x^2 + 1} = 0.$$

(*ii*) È necessario verificare che $f'(0^-) = f'(0^+)$. Si trova $f'(0^-) = -2$ e $f'(0^+) = 1$: f non è dunque derivabile in 0.

Soluzione 7.8. Siano $x_1 = 1, x_2 = 2, y_i, i = 1, 2$, l'ordinata del punto di Γ d'ascissa x_i e $y_i', i = 1, 2$, la pendenza della tangente a Γ nel punto (x_i, y_i). Si deve avere $y_1' = y_2'$ da cui $p = 2 + \dfrac{\pi}{4}$, e $y_2 - y_1 = -\dfrac{\pi}{4}$ da cui $q = -\left(1 + \dfrac{\pi}{2}\right)$.

Soluzione 7.9.
Punto (*i*):

$$\left(e^{\sin(x^3 + \cos x^2)}\right)' = \left(e^{\sin(x^3 + \cos x^2)}\right) \cdot \left(\sin(x^3 + \cos x^2)\right)'$$

$$= \left(e^{\sin(x^3 + \cos x^2)}\right) \cdot \cos(x^3 + \cos x^2) \cdot \left(x^3 + \cos x^2\right)'$$

$$= \left(e^{\sin(x^3 + \cos x^2)}\right) \cdot \cos(x^3 + \cos x^2) \cdot \left(3x^2 - \sin x^2 \cdot (x^2)'\right)$$

$$= \left(e^{\sin(x^3 + \cos x^2)}\right) \cdot \cos(x^3 + \cos x^2) \cdot (3x^2 - 2x \sin x^2).$$

Punto (*ii*):

$$\left[\cos^2\left(\frac{x^3 + 1}{x^2 + 1}\right)\right]' = -\frac{x^4 + 3x^2 - 2x}{(x^2 + 1)^2} \sin 2\left(\frac{x^3 + 1}{x^2 + 1}\right).$$

Soluzione 7.10. Si ha $f'(x) = \dfrac{\left[g\big(f(x)\big)\right]'}{g'\big(f(x)\big)}$. Ponendo $f(x) = \arctan x$ e $g(x) = \tan x$, e dunque $g'(x) = 1 + (\tan x)^2$, si ottiene

$$\left(\arctan x\right)' = \frac{\left(\tan(\arctan x)\right)'}{1 + \left(\tan(\arctan x)\right)^2} = \frac{(x)'}{1 + x^2} = \frac{1}{1 + x^2}.$$

Utilizzando lo stesso metodo (o la formula della sezione 7.2), si ottiene $\left(\arcsin x\right)' = \dfrac{1}{\sqrt{1 - x^2}}$.

Soluzione 7.11.
(*i*) Per derivare le funzioni il cui esponente è una funzione della variabile, utilizziamo una proprietà dei logaritmi: sappiamo (vedere sezione 1.7) che $\ln a^x = x \ln a$.
Ponendo $f(x) = a^x$, si ha: $\ln f(x) = x \ln a$ da cui $\dfrac{f'(x)}{f(x)} = \ln a$ e $f'(x) = a^x \ln a$.

(*ii*) Sappiamo che $\log_a x = \dfrac{\ln x}{\ln a}$. Abbiamo dunque $(\log_a x)' = \dfrac{1}{x \ln a}$.

(*iii*) Se $f(x) = x^x$ allora $\ln f(x) = x \ln x$ da cui $f'(x) = f(x) \cdot (\ln x + 1) = (1 + \ln x)x^x$.

Soluzione 7.12. $(\tanh x)' = \left(\dfrac{\sinh x}{\cosh x} \right)' = \dfrac{1}{\cosh^2 x} = 1 - \tanh^2 x.$

$(\arg \tanh x)' = \dfrac{1}{1 - \big(\tanh(\arg \tanh x) \big)^2} = \dfrac{1}{1 - x^2}.$

Soluzione 7.13. Utilizzando due volte la regola di Bernoulli-L'Hospital, otteniamo:

$-b = -\dfrac{b}{2} \lim_{x \to 0} \dfrac{1 - \cos bx \cdot e^{-\sin bx}}{x} = -\dfrac{b^2}{2} \lim_{x \to 0} (\sin bx + \cos^2 bx)e^{-\sin bx}$

da cui $b = 2$.

Soluzione 7.14. La funzione data si scrive anche:

$$f(x) = x^{\frac{1}{2}} x^{\frac{1}{4}} x^{\frac{1}{8}} x^{\frac{1}{16}} = x^{\frac{15}{16}}$$

da cui

$$f'(x) = \frac{15}{16} x^{-\frac{1}{16}}.$$

Soluzione 7.15. Abbiamo $f'(x) = a \cos ax = a \sin(ax + \frac{\pi}{2})$, il che mostra che la formula è vera per $n = 1$. Supponiamo che sia vera per n: $f^{(n)}(x) = a^n \sin(ax + \frac{n\pi}{2})$; allora, $f^{(n+1)}(x) = [f^{(n)}(x)]' = a^n \cos(ax + \frac{n\pi}{2}) \cdot a = a^{n+1} \sin(ax + \frac{(n+1)\pi}{2})$ cvd.

Soluzione 7.16. Il massimo relativo di f è in $(1, 0)$, il minimo relativo è in $(\frac{5}{3}, -\frac{\sqrt[3]{4}}{3})$ e il minimo assoluto è in $(0, -\sqrt[3]{2})$.

Soluzione 7.17. L'ascissa del punto di flesso I è uguale a -2 e la pendenza della tangente in I vale 2, da cui $P(4, -5)$.

Soluzione 7.18.

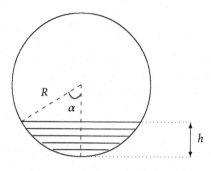

Figura 7.4

Se cominciamo a svuotare la cisterna all'istante $t = 0$ e se $h = h(t)$ rappresenta il livello di nafta misurato a partire dal fondo della cisterna, allora dopo t ore,

$$h = R - R\cos\alpha = R(1 - \cos\alpha)$$

e il volume di nafta che resta nella cisterna è:

$$V = L \cdot (\frac{1}{2} \cdot 2\alpha \cdot R^2 - \frac{1}{2} \cdot 2R\sin\alpha \cdot R\cos\alpha) = LR^2(\alpha - \frac{1}{2}\sin 2\alpha),$$

dove α è l'angolo indicato nella fig. 7.4.

Quindi, poiché V, h e α variano in funzione di t, avremo:

$$\frac{dV}{dt} = LR^2(1 - \cos 2\alpha) \cdot \frac{d\alpha}{dt} \quad e \quad \frac{dh}{dt} = R\sin\alpha \frac{d\alpha}{dt}$$

da cui $\quad \dfrac{dh}{dt} = \dfrac{R\sin\alpha}{LR^2(1 - \cos 2\alpha)} \cdot \dfrac{dV}{dt} = \dfrac{\delta}{2LR\sin\alpha}$.

Facendo i calcoli,

$h = 2R - 75 = 25\,\text{cm}$ da cui $\cos\alpha = \frac{1}{2}$, $\sin\alpha = \frac{\sqrt{3}}{2}$; allora $|\dfrac{dh}{dt}| = \dfrac{1}{10\sqrt{3}}\,\text{cm/ora}$.

CAPITOLO 8

Calcolo integrale

Esercizio 8.1. Si considerino le funzioni $F_1(x) = 2 \arcsin \frac{x}{\sqrt{2}}$ e $F_2(x) = \arcsin \sqrt{1 - x^2}$, $-1 \leq x \leq 0$. Determinare le funzioni $f_i(x)$, $i = 1, 2$, le cui primitive sono le F_i. Cosa si può concludere?

Esercizio 8.2. Si considerino, per $x > 0$, le funzioni $F_1(x) = \int_0^x (t^3 + 2t^2 - 3t - 1)\,dt$ e $F_2(x) = \int_0^x (t^3 + t^2 - 2t - 2)\,dt$. Dimostrare, senza effettuare integrazioni, che il polinomio $P(x) = F_1(x) - F_2(x)$ non ha alcuna radice positiva.

Esercizio 8.3. Per quale α l'integrale definito $I = \int_0^1 (x - 1)(\alpha x - 1)\,dx$ è uguale a zero?

Esercizio 8.4. Dimostrare che se $f(-x) = f(x)$ sull'intervallo $[-a, a]$, allora $\int_{-a}^a f(x)\,dx = 2\int_0^a f(x)\,dx$.

Esercizio 8.5. Si verifichi che $\int_0^1 \left(\frac{3}{4}\right)^x dx = \dfrac{1}{\ln 256 - \ln 81}$.

Esercizio 8.6. Trovare la curva γ asintotica alla retta $y = 1$, e tale che la pendenza m della sua tangente in ogni punto $P(x, y) \in \gamma$ valga $\dfrac{4x}{(1 + x^2)^2}$.

Esercizio 8.7. Calcolare l'area A del dominio $D = \{(x, y) \in \mathbb{R}^2 \mid x \in [0, 1],\ x^3 \leqslant y \leqslant \sqrt[3]{x}\}$.

Esercizio 8.8. Sia γ la curva definita da $xy - x + 1 = 0$. Si tracci una tangente τ a γ passante per l'origine. Determinare l'area A del dominio finito limitato tra τ, l'asse Ox e γ.

Esercizio 8.9. Si considerino in xOy le rette d parallele alla prima bisettrice. Determinare l'equazione di quella che forma con la curva γ $y = x^2 - x + 1$ il bordo di un dominio finito di area pari a 288.

Esercizio 8.10. Determinare

$$a) \ I = \int \frac{1}{1 + e^x} \, dx, \quad b) \ I = \int \frac{1}{1 + x + \sqrt{1 + x}} \, dx.$$

Esercizio 8.11. Determinare $I = \int \arcsin x \, dx$.

Esercizio 8.12. Determinare

$$a) \ I = \int (\ln x)^2 \, dx, \quad b) \ I = \int x^3 \cos x \, dx.$$

Esercizio 8.13. Per quali valori di p la funzione

$$f(x) = \frac{4x^3 - px^2 - 6x - 3}{1 - x^4}$$

possiede delle primitive $F(x)$ tra le quali non figura la funzione $\arctan x$? Determinare quindi $F(x)$.

Esercizio 8.14. Calcolare

$$I = \int_0^\pi \frac{x \sin x}{1 + \cos^2 x} \, dx$$

utilizzando la relazione, da dimostrare,

$$\int_a^b f(x)dx = \int_a^b f(a + b - x)dx.$$

Elementi di Teoria

8.1 Primitiva

Primitiva di *f* su *I*

Sia f una funzione definita su un intervallo $I \subset \mathbb{R}$. Si chiama *primitiva di f su I* una funzione derivabile F tale che $F'(x) = f(x), \forall x \in I$; ne consegue che F è continua su I.

Osservazione. Una primitiva è definita a meno di una costante additiva, cioè due primitive di una stessa funzione su un intervallo I possono differire per una costante.

Esempio.

$$f(x) = x^2 + 1 \qquad F_1(x) = \frac{x^3}{3} + x + 2 \qquad F_2(x) = \frac{x^3}{3} + x - 1$$
$$f(x) = \sin 2x \qquad F_1(x) = 1 + \sin^2 x \qquad F_2(x) = 4 - \cos^2 x$$

Integrale indefinito

Sia f una funzione definita su un intervallo $I \subset \mathbb{R}$. Si indica con

$$\int f(x)dx$$

l'insieme delle primitive di f su I. È l'*integrale indefinito* di f.
Se F è una primitiva particolare di f su I, si ha allora

$$\int f(x)dx = F(x) + C, \qquad C \in \mathbb{R}.$$

Proprietá. $\forall \alpha, \beta \in \mathbb{R}$:

$$\int (\alpha f(x) + \beta g(x))dx = \alpha \int f(x)dx + \beta \int g(x)dx.$$

Primitive comuni

Riportiamo nella tab. 8.1 le primitive di alcune funzioni comuni.

$f(x)$	$F(x)$	$f(x)$	$F(x)$
a	ax	$\dfrac{1}{x}$	$\ln\lvert x\rvert$
x^p	$\dfrac{x^{p+1}}{p+1}$	$\dfrac{1}{1+x^2}$	$\arctan x$
$\ln x$	$x(\ln x - 1)$	$\dfrac{1}{\sqrt{1-x^2}}$	$\arcsin x$
e^x	e^x	$\dfrac{1}{\sqrt{1+x^2}}$	$\operatorname{argsinh} x$
$\sin x$	$-\cos x$	$\dfrac{1}{\sqrt{x^2-1}}$	$\operatorname{argcosh} x$
$\cos x$	$\sin x$	$\sinh x$	$\cosh x$
$\tan x$	$-\ln\lvert\cos x\rvert$	$\cosh x$	$\sinh x$
$\cot x$	$\ln\lvert\sin x\rvert$	$\dfrac{1}{(x-a)(x-b)}$	$\dfrac{1}{a-b}\ln\left\lvert\dfrac{x-a}{x-b}\right\rvert$

Figura 8.1

Nota. $p \in \mathbb{R} \setminus \{1\}, a \neq b$.

8.2 Integrale definito

Integrale definito

Siano f una funzione continua su $[a; b]$ e $x_0, x_1, \ldots, x_n$ la partizione di $[a, b]$ tale che $x_0 = a$, $x_n = b$, $h = \frac{b-a}{n}$ essendo il passo costante di partizione. Si definisce *integrale definito* di f su $[a, b]$ il limite seguente:

$$\lim_{n\to\infty} \sum_{i=1}^{n} f(c_i) \cdot \frac{b-a}{n}, \quad c_i \in [x_{i-1}, x_i].$$

Se esiste, questo limite si indica con $\int_a^b f(x)dx$ e a e b si chiamano gli *estremi d'integrazione*.

È anche possibile utilizzare una partizione qualunque dell'intervallo $[a; b]$, cioè una partizione il cui passo non sia costante. Resta comunque necessario che tutti i passi tendano verso zero per n che tende all'infinito. Si parla in questo caso di *integrale di Riemann*.

Interpretazione geometrica

Se f è continua sull'intervallo $[a, b]$, il valore di $\int_a^b f(x)dx$ corrisponde all'area del dominio delimitato dal grafico di f, l'asse Ox e le rette $x = a$ e $x = b$ (si veda la fig. 8.2; si parla a volte di *area del sottografico*). Se f è negativa, l'area è contata negativamente. Di conseguenza, $\int_a^b f(x)dx$ rappresenta un'area algebrica.

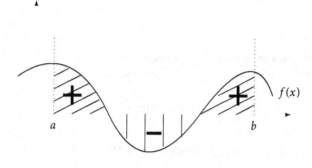

Figura 8.2

Teorema fondamentale del calcolo integrale

Sia F una primitiva di f su $[a, b]$. Allora,

$$\int_a^b f(x)dx = F(b) - F(a).$$

Proprietà dell'integrale definito.

$(i) \quad \int_a^a f(x)dx = 0$

$(ii) \quad \int_a^b f(x)dx = -\int_b^a f(x)dx$

$(iii) \quad \int_a^b \big(\alpha f(x) + \beta g(x)\big)dx = \alpha \int_a^b f(x)dx + \beta \int_a^b g(x)dx$

(iv) $f(x) \leqslant g(x) \; \forall x \in [a, b] \;\Rightarrow\; \int_a^b f(x)dx \leqslant \int_a^b g(x)dx$

(v) $\int_a^b f(x)dx = \int_a^c f(x)dx + \int_c^b f(x)dx \;,\quad a < c < b$

(iv) $\left| \int_a^b f(x)dx \right| \leqslant \int_a^b |f(x)|dx \;,\quad a < b$

Teorema del valor medio (del calcolo integrale).
Siano $f \in \mathcal{C}^0(I)$ e $\rho(x) \geqslant 0 \; \forall x \in I = [a, b]$; allora esiste $c \in [a, b]$ tale che

$$\int_a^b \rho(x)f(x)dx = f(c) \int_a^b \rho(x)dx.$$

Caso particolare $\rho \equiv 1$: $\int_a^b f(x)dx = (b - a)f(c)$

8.3   Calcolo delle primitive, tecniche d'integrazione

Calcolo diretto

Alcune primitive si ottengono direttamente da regole di calcolo differenziale.
Si consideri l'**integranda** $f(x)$ che viene trasformata, se necessario, per ottenere una forma conosciuta di derivata.
Principio: si controlla, in particolare, se l'integranda è del tipo $u'(x)h(u(x))$; se si riesce a trovare H tale che $H' = h$, allora

$$\int u'(x)h(u(x))dx = H(u(x)) + C.$$

Nel caso di un integrale definito, se u è derivabile con continuità su $[a, b]$ e h continua tra $u(a)$ e $u(b)$, allora

$$\int_a^b u'(x)h(u(x))dx = \int_{u(a)}^{u(b)} h(t)dt.$$

Integrazione per parti

Si basa sulla relazione $(f(x) \cdot g(x))' = f'(x)g(x) + f(x)g'(x)$ da cui $f'(x)g(x) = (f(x) \cdot g(x))' - f(x)g'(x)$. Si ha allora

$$\int f'(x)g(x)dx = f(x)g(x) - \int f(x)g'(x)dx.$$

Nel caso di un integrale definito, si ottiene

$$\int_a^b f'(x)g(x)dx = f(x)g(x)\Big|_a^b - \int_a^b f(x)g'(x)dx$$

dove, per definizione, $f(x)g(x)\Big|_a^b = f(b)g(b) - f(a)g(a)$.

Osservazione. In certi casi si possono fare più integrazioni per parti successive fino ad ottenere un integrale conosciuto.

Integrazione per sostituzione di variabile

Si pone $x = \Phi(t)$. Allora $f(x) = f\big(\Phi(t)\big)$ e $dx = \Phi'(t)dt$. Si ha quindi

$$\int f(x)dx = \int f(\Phi(t))\Phi'(t)dt.$$

Se f è continua su $[a, b]$ e Φ è derivabile con continuità su $[c, d]$, con $\Phi(c) = a$ e $\Phi(d) = b$, si ha allora, nel caso di un integrale definito,

$$\int_{\Phi(c)}^{\Phi(d)} f(x)dx = \int_c^d f\big(\Phi(t)\big)\Phi'(t)dt.$$

Primitive di funzioni razionali

Il metodo si basa sulla scomposizione in fattori irriducibili dei polinomi e la scomposizione in elementi semplici. Ciascun elemento semplice (frazione) ammette una primitiva elementare.

Esempio. $\int \dfrac{x^2 + x + 1}{x^3 + x} dx = \int \left(\dfrac{1}{x} + \dfrac{1}{1 + x^2} \right) dx = \ln |x| + \arctan x + C.$

Soluzioni

Soluzione 8.1. Per trovare $f_i(x)$, si calcola $F_i'(x)$; si ottiene $f_1(x) = \dfrac{2}{\sqrt{2 - x^2}} = f_2(x)$. Di conseguenza, F_1 e F_2 differiscono solo per una costante.

Soluzione 8.2. Si ha $P(x) = \displaystyle\int_0^x (t^2 - t + 1)\, dt$; ma $t^2 - t + 1 > 0 \ \forall t > 0$ implica $P(x) > 0$ per ogni $x > 0$.

Soluzione 8.3. Si deve risolvere l'equazione $0 = \displaystyle\int_0^1 \left[\alpha x^2 - (1 + \alpha)x + 1 \right] dx = \dfrac{1}{3}\alpha - \dfrac{1}{2}(1 + \alpha) + 1$, da cui $\alpha = 3$.

Soluzione 8.4. Sia $S = \displaystyle\int_{-a}^a f(x)\, dx = \int_{-a}^0 f(x)\, dx + \int_0^a f(x)\, dx$; ponendo $I = \displaystyle\int_0^a f(x)\, dx$ e $t = -x$ nel secondo integrale otteniamo

$$S = \int_a^0 f(-t)\,(-dt) + I = \int_0^a f(-t)\, dt + I = \int_0^a f(t)\, dt + I = 2I.$$

Soluzione 8.5. Si ha

$$\int_0^1 \left(\frac{3}{4}\right)^x dx = \int_0^1 e^{x \ln \frac{3}{4}}\, dx = \frac{1}{\ln \frac{3}{4}} \left(\frac{3}{4}\right)^x \bigg|_0^1 = \frac{1}{4(\ln 4 - \ln 3)}.$$

Soluzione 8.6. In ogni $P(x, y(x))$ si deve avere $y'(x) = \dfrac{4x}{(1 + x^2)^2}$, da cui, integrando, $y(x) = -\dfrac{2}{1 + x^2} + C$. Poiché $\lim\limits_{x \to \infty} y(x) = 1$, si ottiene $C = 1$ e $y(x) = \dfrac{x^2 - 1}{x^2 + 1}$.

Soluzione 8.7. L'area A è data da:

$$A = \int_0^1 \sqrt[3]{x}\, dx - \int_0^1 x^3\, dx = \frac{1}{2}.$$

Soluzione 8.8. Siano $T(x_T, y_T)$ il punto di tangenza e $y = y(x)$ l'equazione esplicita di γ. Si ha:

$$y'(x_T) = \frac{y_T}{x_T} \quad \text{da cui} \quad T\left(2, \frac{1}{2}\right).$$

Allora,

$A = [$ Area del triangolo rettangolo d'ipotenusa $OT]$

$$- \int_1^2 (1 - \frac{1}{x}) \, dx = \ln 2 - \frac{1}{2}.$$

Soluzione 8.9. Sia $y = x + h$ l'equazione di d, con h da determinare in modo tale che
$I = \int_a^b [(x + h) - (x^2 - x + 1)] dx = 288$ dove a e b sono le ascisse dei punti di intersezione tra y e d. Si trova $a = 1 - \sqrt{h}$ e $b = 1 + \sqrt{h}$ e, svolgendo i calcoli, si ottiene $I = \frac{4}{3} h \sqrt{h}$, da cui $h = 36$.

Soluzione 8.10.

a) $I = \int \frac{e^{-x}}{e^{-x} + 1} \, dx = -\ln |e^{-x} + 1| + C.$

b) $I = \int \frac{1}{\sqrt{1+x}(\sqrt{1+x}+1)} \, dx = \int \frac{\frac{1}{\sqrt{1+x}}}{1 + \sqrt{1+x}} \, dx = 2\ln(1 + \sqrt{x+1}) + C.$

Soluzione 8.11. Si integra per parti e si ottiene:
$$I = \int (x)' \arcsin x \, dx = x \arcsin x - \int \frac{x}{\sqrt{1-x^2}} \, dx = x \arcsin x + \sqrt{1-x^2} + C.$$

Soluzione 8.12.

a) Si integra per parti due volte e si ottiene:

$$I = \int (x)'(\ln x)^2 \, dx = x(\ln x)^2 - 2 \int \ln x \, dx$$

$$= x(\ln x)^2 - 2 \left(x \ln x - \int 1 \, dx \right)$$

$$= x(\ln x)^2 - 2x \ln x + 2x + C.$$

b) Si integra per parti tre volte e si ottiene:

$$I = \int x^3 (\sin x)' \, dx = x^3 \sin x - 3 \int x^2 \sin x \, dx$$

$$= x^3 \sin x - 3 \left[-x^2 \cos x - \int (-2x \cos x) \, dx \right]$$

$$= x^3 \sin x - 3 \left[-x^2 \cos x + 2 \left(x \sin x - \int \sin x \, dx \right) \right]$$

$$= x^3 \sin x + 3x^2 \cos x - 6x \sin x - 6 \cos x + C.$$

Soluzione 8.13. Si scompone $f(x)$ in frazioni semplici: $f(x) = \dfrac{A}{x-1} + \dfrac{B}{x+1} + \dfrac{Cx+D}{x^2+1}$. Affinché la funzione arctan x non figuri tra le primitive di $f(x)$, bisogna imporre $D = 0$. Si trova $A = \frac{1}{4}(p+5)$, $B = -\frac{1}{4}(p+1)$, $-3 = -A + B$ imponendo $x = 0$, da cui $p = 3$ e quindi $C = -5$.

Così, $F(x) = \displaystyle\int \frac{4x^3 - 3x^2 - 6x - 3}{1 - x^4}\,dx = 2\ln|x-1| - \ln|x+1| - \frac{5}{2}\ln(x^2+1) + K$.

Soluzione 8.14. Se si impone $x = a + b - t$, si ha:

$$\int_{x=a}^{b} f(x)\,dx = -\int_{t=b}^{a} f(a+b-t)\,dt = \int_{a}^{b} f(a+b-t)\,dt.$$

Così,

$$I = \int_{0}^{\pi} \frac{(\pi - x)\sin(\pi - x)}{1 + \cos^2(\pi - x)}\,dx$$

$$= \int_{0}^{\pi} \frac{\pi \sin x}{1 + \cos^2 x}\,dx - \int_{0}^{\pi} \frac{x \sin x}{1 + \cos^2 x}\,dx,$$

da cui

$$2I = \pi \int_{0}^{\pi} \frac{\sin x}{1 + \cos^2 x}\,dx = -\pi \arctan(\cos x)\Big|_{0}^{\pi} = \frac{\pi^2}{2},$$

e quindi $I = \dfrac{\pi^2}{4}$.

CAPITOLO 9

Calcolo matriciale

Esercizi

Esercizio 9.1. Sapendo che $A = \begin{pmatrix} -1 & 0 & 2 \\ 5 & -2 & 1 \end{pmatrix}$, $B = \begin{pmatrix} 2 & 3 & -1 \\ -2 & 0 & 4 \end{pmatrix}$ e $M = \begin{pmatrix} 2 & -4 & 6 \\ -8 & 10 & -2 \end{pmatrix}$, calcolare $A + B$ e $\frac{1}{2}M$.

Esercizio 9.2. Sapendo che $A = \begin{pmatrix} 1 & 1 \\ 0 & 1 \\ 1 & 0 \end{pmatrix}$ e $B = \begin{pmatrix} 5 & -1 \\ 1 & 7 \end{pmatrix}$, calcolare, quando possibile, $A \cdot B$ e $B \cdot A$.

Esercizio 9.3. Calcolare A^n ove $n \in \mathbb{N}^*$ se a) $A = \begin{pmatrix} -1 & 0 \\ 0 & 0 \end{pmatrix}$ e b) $A = \begin{pmatrix} 0 & 0 \\ -1 & 0 \end{pmatrix}$.

Esercizio 9.4. Calcolare il determinante $Det(A)$, essendo

$$A = \begin{pmatrix} 1 & 2 & 5 \\ -3 & 4 & -7 \\ -2 & -4 & -10 \end{pmatrix}.$$

Esercizio 9.5. Calcolare, se possibile, l'inversa A^{-1} della matrice $A = \begin{pmatrix} 1 & -2 \\ -1 & 4 \end{pmatrix}$.

Esercizio 9.6. Siano date

$$A = \begin{pmatrix} 1 & 1 & 1 \\ 0 & 2 & 1 \\ 1 & -2 & 0 \end{pmatrix}, \quad B = \begin{pmatrix} 2 & 1 & 0 \\ 0 & 0 & 1 \\ 1 & 0 & 1 \end{pmatrix},$$

$$C = \begin{pmatrix} -3 & 4 & 3 \\ 8 & -10 & -7 \\ 1 & -1 & -1 \end{pmatrix}.$$

Calcolare $A \cdot B \cdot C$. Che cosa si può concludere dal risultato?

Esercizio 9.7. Si può trovare una matrice A tale che

$$A \cdot \begin{pmatrix} 1 & 2 \\ 2 & 4 \end{pmatrix} = \begin{pmatrix} 1 & 0 \\ 1 & 1 \end{pmatrix}?$$

Esercizio 9.8. Sia $A = \begin{pmatrix} 0 & 1 \\ 1 & 0 \end{pmatrix}$. Calcolare A^2 e A^{-1}. Cosa si può concludere?

Esercizio 9.9. Date

$$A = \begin{pmatrix} 1 & 1 & 1 \\ 0 & 0 & 1 \end{pmatrix}, \quad B = \begin{pmatrix} 1 & -1 \\ 0 & 0 \\ 0 & 1 \end{pmatrix}, \quad e$$

$$C = \begin{pmatrix} -1 & 3 \\ 2 & -4 \\ 0 & 1 \end{pmatrix},$$

calcolare AB e AC.

Esercizio 9.10. Trovare la matrice A tale che

$$A \cdot \begin{pmatrix} 2 & 2 \\ 2 & 4 \end{pmatrix} = \begin{pmatrix} 1 & 0 \\ 1 & 1 \end{pmatrix}.$$

Esercizio 9.11. Calcolare l'inversa della matrice $A = \begin{pmatrix} 1 & 2 & 3 \\ 4 & 5 & 4 \\ 3 & 2 & 1 \end{pmatrix}$.

Esercizio 9.12. Risolvere il sistema seguente tramite la regola di Cramer:

$$\begin{cases} 2x + 2y + 3z = -3 \\ 3x - 7y - 5z = 4 \\ 5x - 3y - 2z = 5 \end{cases}.$$

Elementi di Teoria

9.1   Conoscenze di base

Matrice

Siano m e $n \in \mathbb{N}^*$. Si dice *matrice* $m \times n$, o matrice di *tipo* $m \times n$, o matrice d'*ordine* $m \times n$, una tabella con m *righe* e n *colonne*

$$A = \begin{pmatrix} a_{11} & a_{12} & \cdots & a_{1n} \\ a_{21} & a_{22} & \cdots & a_{2n} \\ \vdots & \vdots & & \vdots \\ a_{m1} & a_{m2} & \cdots & a_{mn} \end{pmatrix}.$$

Si indica anche $A = (a_{ij})_{j=1,\ldots,n}^{i=1,\ldots,m}$ o ancora $A = (a_{ij})$. Gli a_{ij} sono numeri reali detti *coefficienti* della matrice A.

Esempi.

$$A_1 = \begin{pmatrix} a_{11} & a_{12} & a_{13} \\ a_{21} & a_{22} & a_{23} \\ a_{31} & a_{32} & a_{33} \end{pmatrix}, \quad A_2 = \begin{pmatrix} a_{11} \\ a_{21} \\ a_{31} \end{pmatrix}, \quad A_3 = \begin{pmatrix} a_{11} & a_{12} \\ a_{21} & a_{22} \end{pmatrix}.$$

Le matrici A_1, A_2 e A_3 sono rispettivamente di tipo $3 \times 3, 3 \times 1$ e 2×2.

Osservazione. Un vettore di $\mathbb{R}^3$ può essere rappresentato da una matrice 3×1. Una matrice può quindi essere considerata come formata da più vettori affiancati (vedere la sezione 9.2.5).

Matrice quadrata

Se $m = n$, la matrice si dice *quadrata* di ordine m. Le matrici A_1 e A_3 dell'esempio precedente sono quadrate di ordine 3 e 2, rispettivamente.

Matrici particolari

La matrice $O = (o_{ij})$ con $o_{ij} = 0$ $\forall i, j$ è detta *matrice nulla*.
La matrice quadrata di ordine n definita da $I_n = (\delta_{ij})$, dove δ_{ij} è la *delta di Kronecker*, cioè $\delta_{ij} = 1$ se $i = j$ e 0 altrimenti, è detta matrice *identità* di ordine n.

Esempi.

- matrici nulle

$$O = \begin{pmatrix} 0 & 0 \\ 0 & 0 \end{pmatrix}, \quad O = \begin{pmatrix} 0 & 0 \\ 0 & 0 \\ 0 & 0 \end{pmatrix};$$

- matrici identità

$$I_2 = \begin{pmatrix} 1 & 0 \\ 0 & 1 \end{pmatrix}, \quad I_3 = \begin{pmatrix} 1 & 0 & 0 \\ 0 & 1 & 0 \\ 0 & 0 & 1 \end{pmatrix}.$$

9.2 Operazioni sulle matrici

9.2.1 Somma di due matrici

Per poter sommare due matrici A e B, è necessario che siano dello **stesso tipo**. Se è così, la somma si ottiene addizionando i coefficienti con lo stesso indice, cioè $A + B = (a_{ij}) + (b_{ij}) = (a_{ij} + b_{ij})$.

Esempio. $\begin{pmatrix} 2 & 0 & 1 \\ 1 & 0 & -1 \end{pmatrix} + \begin{pmatrix} 0 & 1 & 3 \\ -1 & -2 & 4 \end{pmatrix} = \begin{pmatrix} 2 & 1 & 4 \\ 0 & -2 & 3 \end{pmatrix}.$

Proprietà.

$(i)\quad A + B = B + A$
$(ii)\quad A + (B + C) = (A + B) + C = A + B + C$
$(iii)\quad A + O = A$

9.2.2 Moltiplicazione di una matrice per un numero reale

Se si moltiplica a sinistra la matrice $A = (a_{ij})$ per $\lambda \in \mathbb{R}$, ciascun coefficiente della matrice è moltiplicato per λ. In altre parole, $\lambda \cdot A = \lambda \cdot (a_{ij}) = (\lambda \cdot a_{ij})$.

Esempio. $-\dfrac{1}{2} \cdot \begin{pmatrix} 2 & 0 \\ 6 & -6 \\ -2 & 4 \end{pmatrix} = \begin{pmatrix} -1 & 0 \\ -3 & 3 \\ 1 & -2 \end{pmatrix}.$

Proprietà.

$(i)\ \ A \cdot \lambda = \lambda \cdot A$

$(ii)\ \ \lambda \cdot (A + B) = \lambda \cdot A + \lambda \cdot B$

$(iii)\ \ (\lambda + \mu) \cdot A = \lambda \cdot A + \mu \cdot A$

$(iv)\ \ \lambda \cdot (\mu \cdot A) = (\lambda\mu) \cdot A$

$(v)\ \ 1 \cdot A = A$

$(vi)\ \ 0 \cdot A = O$

9.2.3 Prodotto di due matrici

Il prodotto $A \cdot B$ di due matrici è definito solo nel caso in cui **il numero delle colonne di A è uguale al numero delle righe di B**. In particolare, è possibile che $A \cdot B$ sia definito, ma che $B \cdot A$ non lo sia.

Siano $A = (a_{ik})$ una matrice $m \times p$ e $B = (b_{kj})$ una matrice $p \times n$. La matrice $C = A \cdot B$ sarà la matrice $m \times n$ definita da $C = (c_{ij})$ tale che

$$c_{ij} = \sum_{k=1}^{p} a_{ik} b_{kj}.$$

Prodotto "riga-colonna": l'elemento c_{ij} è uguale al prodotto scalare della i-esima riga della prima matrice e della j-esima colonna della seconda matrice.

Esempio.

$$AB = \begin{pmatrix} 1 & 0 & 2 \\ 0 & 3 & 4 \end{pmatrix} \cdot \begin{pmatrix} 1 & 0 \\ -3 & -1 \\ 0 & 1 \end{pmatrix}$$

$$= \begin{pmatrix} 1 \cdot 1 + 0 \cdot (-3) + 2 \cdot 0 & 1 \cdot 0 + 0 \cdot (-1) + 2 \cdot 1 \\ 0 \cdot 1 + 3 \cdot (-3) + 4 \cdot 0 & 0 \cdot 0 + 3 \cdot (-1) + 4 \cdot 1 \end{pmatrix}$$

$$= \begin{pmatrix} 1 & 2 \\ -9 & 1 \end{pmatrix}.$$

In questo esempio, BA ha senso ed è uguale a $\begin{pmatrix} 1 & 0 & 2 \\ -3 & -3 & -10 \\ 0 & 3 & 4 \end{pmatrix}.$

Proprietà.

$$(i) \quad A \cdot (B + C) = A \cdot B + A \cdot C$$
$$(ii) \quad A \cdot (B \cdot C) = (A \cdot B) \cdot C$$
$$(iii) \quad (A + B) \cdot C = A \cdot C + B \cdot C$$
$$(iv) \quad A \cdot (\lambda \cdot B) = \lambda \cdot (A \cdot B)$$

Nota. Se A e B sono due matrici quadrate $n \times n$, i prodotti AB e BA hanno senso, ma **in generale** $A \cdot B \neq B \cdot A$, ovvero il prodotto di due matrici non è un'operazione commutativa.

9.2.4 Matrice trasposta

La *matrice trasposta* della matrice $A = (a_{ij})$ si indica con A^T ed è definita da $A^T = (a_{ji})$. In altri termini la i-esima riga, rispettivamente la j-esima colonna, della matrice A diventano la i-esima colonna, rispettivamente la j-esima riga, della matrice A^T.

Esempio. Se $A = \begin{pmatrix} 1 & 4 \\ 0 & 2 \\ 5 & 3 \end{pmatrix}$ allora $A^T = \begin{pmatrix} 1 & 0 & 5 \\ 4 & 2 & 3 \end{pmatrix}$.

Proprietà.

$$(i) \quad (A + B)^T = A^T + B^T$$
$$(ii) \quad (\lambda \cdot A)^T = \lambda \cdot A^T$$
$$(iii) \quad (A \cdot B)^T = B^T \cdot A^T$$

9.2.5 Determinante di matrici 2×2 e 3×3

Sia A la seguente matrice quadrata di ordine 2:

$$A = \begin{pmatrix} a_{11} & a_{12} \\ a_{21} & a_{22} \end{pmatrix}.$$

Il suo *determinante*, indicato con $Det(A)$ o $|A|$, è il numero **reale** $|A| = a_{11}a_{22} - a_{21}a_{12}$.

Nel caso di una matrice quadrata A di ordine 3 definita da

$$A = \begin{pmatrix} a_{11} & a_{12} & a_{13} \\ a_{21} & a_{22} & a_{23} \\ a_{31} & a_{32} & a_{33} \end{pmatrix},$$

si può applicare la **regola di Sarrus** per calcolare il suo determinante: si somma il prodotto delle diagonali "discendenti" e si sottrae il prodotto delle diagonali "ascendenti"; questa regola è valida solo per le **matrici quadrate di ordine 2 e 3**.

Si procede quindi nel modo seguente:

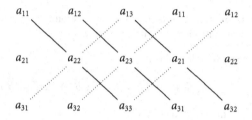

e si ottiene

$$Det(A) = a_{11}a_{22}a_{33} + a_{12}a_{23}a_{31} + a_{13}a_{21}a_{32}$$
$$- a_{31}a_{22}a_{13} - a_{32}a_{23}a_{11} - a_{33}a_{21}a_{12}.$$

Nota. Il determinante è definito solo per le matrici quadrate.

Osservazione. Siano $\vec{a} = \begin{pmatrix} a_1 \\ a_2 \end{pmatrix}$ e $\vec{b} = \begin{pmatrix} b_1 \\ b_2 \end{pmatrix}$ due vettori, e M la matrice avente $\vec{a}$ e $\vec{b}$ come vettori colonna. Si ha quindi $M = \begin{pmatrix} a_1 & b_1 \\ a_2 & b_2 \end{pmatrix}$ e a volte si indica $Det(\vec{a}\,;\,\vec{b})$ al posto di $Det(M)$.

In maniera analoga, se $\vec{a} = \begin{pmatrix} a_1 \\ a_2 \\ a_3 \end{pmatrix}$, $\vec{b} = \begin{pmatrix} b_1 \\ b_2 \\ b_3 \end{pmatrix}$, $\vec{c} = \begin{pmatrix} c_1 \\ c_2 \\ c_3 \end{pmatrix}$ e

$M = \begin{pmatrix} a_1 & b_1 & c_1 \\ a_2 & b_2 & c_2 \\ a_3 & b_3 & c_3 \end{pmatrix}$, a volte si indica $Det(\vec{a}\,;\,\vec{b}\,;\,\vec{c})$ al posto di $Det(M)$.

Proprietà.

(*i*) $Det(A \cdot B) = Det(A) \cdot Det(B)$.

(*ii*) $Det(A^T) = Det(A)$.

(*iii*) Sommare ad una riga, rispettivamente ad una colonna, un multiplo di un'altra riga, rispettivamente di un'altra colonna, non cambia il determinante.

(*iv*) Se si permutano due righe (o due colonne) il determinante cambia di segno.

(*v*) Se si moltiplica una riga (o una colonna) per λ, anche il determinante viene moltiplicato per λ.

(*vi*) Per le matrici di ordine 2,

$$Det(\overrightarrow{a_1} + \overrightarrow{a_2}; \overrightarrow{b}) = Det(\overrightarrow{a_1}; \overrightarrow{b}) + Det(\overrightarrow{a_2}; \overrightarrow{b}),$$

e per le matrici di ordine 3

$$Det(\overrightarrow{a_1} + \overrightarrow{a_2}; \overrightarrow{b}; \overrightarrow{c}) = Det(\overrightarrow{a_1}; \overrightarrow{b}; \overrightarrow{c}) + Det(\overrightarrow{a_2}; \overrightarrow{b}; \overrightarrow{c});$$

in particolare, se una matrice ha una riga o una colonna di soli 0, il suo determinante è nullo.

Nota. In generale, $Det(A + B) \neq Det(A) + Det(B)$ e $Det(\lambda A) \neq \lambda Det(A)$ ma, se A è una matrice quadrata di ordine n, $Det(\lambda A) = \lambda^n Det(A)$, per la proprietà (*v*), poiché λA si ottiene moltiplicando ciascuna riga di A per λ.

9.2.6 Inversa di una matrice quadrata di ordine $\leqslant 3$

La *matrice inversa* di una matrice quadrata A di ordine n è la matrice A^{-1} definita da

$$A^{-1} \cdot A = A \cdot A^{-1} = I_n.$$

Nota. Sia A una matrice quadrata; la sua matrice inversa esiste se e solamente se $Det(A) \neq 0$. In questo caso, si dice che la matrice A è *invertibile*.

Sia A una matrice quadrata di ordine 2 definita da

$$A = \begin{pmatrix} a & b \\ c & d \end{pmatrix}$$

e tale che $ad - cb \neq 0$, cioè tale che i vettori non nulli $\begin{pmatrix} a \\ c \end{pmatrix}$ e $\begin{pmatrix} b \\ d \end{pmatrix}$ non siano collineari; allora la sua matrice inversa è

$$A^{-1} = \frac{1}{ad - cb} \begin{pmatrix} d & -b \\ -c & a \end{pmatrix}. \tag{9.1}$$

Se A è una matrice quadrata di ordine 3 tale che $Det(A) \neq 0$, la sua matrice inversa è data da

$$A^{-1} = \frac{1}{Det(A)} \left((-1)^{i+j} \cdot d_{ij} \right),$$

dove d_{ij} è il determinante della matrice ottenuta sopprimendo la i-esima riga e la j-esima colonna di A^T.

Esempio. Sia data la matrice

$$A = \begin{pmatrix} 1 & 2 & 0 \\ -1 & 0 & 3 \\ 2 & 1 & 1 \end{pmatrix}.$$

Dopo aver scritto la trasposta, si trova $d_{11} = 0 \cdot 1 - 3 \cdot 1 = -3$, $d_{12} = 2$, $d_{13} = 6$ etc. Dopo aver calcolato il determinante di A e ricordando di moltiplicare ciascun d_{ij} per $(-1)^{i+j}$, di ottiene

$$A^{-1} = \frac{1}{11} \begin{pmatrix} -3 & -2 & 6 \\ 7 & 1 & -3 \\ -1 & 3 & 2 \end{pmatrix}.$$

Proprietà.

$(i) \quad (A \cdot B)^{-1} = B^{-1} \cdot A^{-1}$

$(ii) \quad (A^{-1})^T = (A^T)^{-1}$

$(iii) \quad Det(A^{-1}) = \dfrac{1}{Det(A)}$

$(iv) \quad (\lambda \cdot A)^{-1} = \lambda^{-1} \cdot A^{-1}$

9.3 Applicazioni del calcolo matriciale

Tra le altre applicazioni, il calcolo matriciale permette di risolvere molto facilmente i problemi di n equazioni in n incognite. A questo scopo si utilizza la **regola di Cramer**.

9.3.1 Soluzione di sistemi lineari di tre equazioni in tre incognite

Sia dato il seguente sistema lineare:

$$\begin{cases} a_1 x + b_1 y + c_1 z = d_1, \\ a_2 x + b_2 y + c_2 z = d_2, \\ a_3 x + b_3 y + c_3 z = d_3. \end{cases}$$

Si pone

$$\vec{a} = \begin{pmatrix} a_1 \\ a_2 \\ a_3 \end{pmatrix}, \quad \vec{b} = \begin{pmatrix} b_1 \\ b_2 \\ b_3 \end{pmatrix}, \quad \vec{c} = \begin{pmatrix} c_1 \\ c_2 \\ c_3 \end{pmatrix}, \quad \vec{d} = \begin{pmatrix} d_1 \\ d_2 \\ d_3 \end{pmatrix}.$$

Il sistema ammette un'unica soluzione se e solamente se

$$Det(\vec{a}\,;\,\vec{b}\,;\,\vec{c}\,) \neq 0.$$

Questo determinate si chiama *determinante principale*. Nel caso in considerazione, la soluzione è data da:

$$\left| x = \frac{Det(\vec{d}\,;\,\vec{b}\,;\,\vec{c}\,)}{Det(\vec{a}\,;\,\vec{b}\,;\,\vec{c}\,)}, \quad y = \frac{Det(\vec{a}\,;\,\vec{d}\,;\,\vec{c}\,)}{Det(\vec{a}\,;\,\vec{b}\,;\,\vec{c}\,)}, \quad z = \frac{Det(\vec{a}\,;\,\vec{b}\,;\,\vec{d}\,)}{Det(\vec{a}\,;\,\vec{b}\,;\,\vec{c}\,)} \right|.$$

Se $Det(\vec{a}\,;\,\vec{b}\,;\,\vec{c}\,) = 0$, i casi possono essere due:

1. $Det(\vec{d}\,;\,\vec{b}\,;\,\vec{c}\,) = Det(\vec{a}\,;\,\vec{d}\,;\,\vec{c}\,) = Det(\vec{a}\,;\,\vec{b}\,;\,\vec{d}\,) = 0$ e il sistema ha un'infinità di soluzioni;

2. almeno uno di questi tre determinanti è non nullo e allora il sistema non ha alcuna soluzione.

Soluzioni

Soluzione 9.1. La risposta è

$$A + B = \begin{pmatrix} 1 & 3 & 1 \\ 3 & -2 & 5 \end{pmatrix}, \quad \frac{1}{2}M = \begin{pmatrix} 1 & -2 & 3 \\ -4 & 5 & -1 \end{pmatrix}.$$

Soluzione 9.2. Facendo il calcolo si ottiene $A \cdot B = \begin{pmatrix} 6 & 6 \\ 1 & 7 \\ 5 & -1 \end{pmatrix}$. Il prodotto $B \cdot A$ non è invece definito, dato che il numero di colonne di B non coincide col numero di righe di A.

Soluzione 9.3. a) Si trova, ragionando per induzione, che

$$A^n = \begin{pmatrix} (-1)^n & 0 \\ 0 & 0 \end{pmatrix}.$$

b) Si fa il calcolo di $A^2 = A \cdot A$ e si ottiene $A^2 = \begin{pmatrix} 0 & 0 \\ 0 & 0 \end{pmatrix}$, da cui, per ogni $n > 2$,

$$A^n = A^{n-2} \cdot A^2 = \begin{pmatrix} 0 & 0 \\ 0 & 0 \end{pmatrix}.$$

Soluzione 9.4. Il determinante non cambia se si somma alla terza riga il doppio della prima; si ottiene pertanto

$$Det(A) = Det \begin{pmatrix} 1 & 2 & 5 \\ -3 & 4 & -7 \\ 0 & 0 & 0 \end{pmatrix} = 0$$

dato che l'ultima riga è composta da soli zeri.

Soluzione 9.5. Abbiamo $Det(A) = 2$; dunque A è invertibile, e facendo il calcolo si ottiene

$$A^{-1} = \frac{1}{2} \begin{pmatrix} 4 & 2 \\ 1 & 1 \end{pmatrix}.$$

Soluzione 9.6.

$$A \cdot B \cdot C = \begin{pmatrix} 1 & 0 & 0 \\ 0 & 1 & 0 \\ 0 & 0 & 1 \end{pmatrix}.$$

Se ne deduce che A, B e C sono invertibili e che $A = C^{-1} \cdot B^{-1}, B = A^{-1} \cdot C^{-1}$ e $C = B^{-1} \cdot A^{-1}$.

Soluzione 9.7. La matrice A deve essere del tipo 2×2. Se si indica $B = \begin{pmatrix} 1 & 2 \\ 2 & 4 \end{pmatrix}$
e $C = \begin{pmatrix} 1 & 0 \\ 1 & 1 \end{pmatrix}$, allora $Det(B) = 0, Det(C) = 1$ e quindi A non esiste, perché altrimenti si avrebbe: $Det(AB) = Det(A) \cdot Det(B) = Det(C)$ cioè $0 = 1$, che è impossibile.

Soluzione 9.8.

$$A^2 = \begin{pmatrix} 1 & 0 \\ 0 & 1 \end{pmatrix}.$$

Poiché la matrice A^2 è uguale alla matrice identità, se ne deduce che $A = A^{-1}$; questo si può ugualmente verificare applicando la formula (9.1) della sezione 9.2.6. È dunque possibile che una matrice sia uguale alla propria inversa, senza che questa matrice sia la matrice identità.

Soluzione 9.9.

$$A \cdot B = A \cdot C = \begin{pmatrix} 1 & 0 \\ 0 & 1 \end{pmatrix}.$$

Si vede quindi che per matrici non quadrate, $A \cdot B = A \cdot C$ non implica necessariamente $B = C$. Si nota anche che $A \cdot B = A \cdot C = I_2$ ma né B né C sono l'inversa di A, poiché non essendo A una matrice quadrata, non ha inversa.

Soluzione 9.10. Se si indica $B = \begin{pmatrix} 2 & 2 \\ 2 & 4 \end{pmatrix}$ e $C = \begin{pmatrix} 1 & 0 \\ 1 & 1 \end{pmatrix}$, allora $Det(B) \neq 0$, quindi B è invertibile e $A = C \cdot B^{-1} = \frac{1}{2} \begin{pmatrix} 2 & -1 \\ 1 & 0 \end{pmatrix}$.

Soluzione 9.11. Si ottiene

$$A^{-1} = \frac{1}{8} \begin{pmatrix} 3 & -4 & 7 \\ -8 & 8 & -8 \\ 7 & -4 & 3 \end{pmatrix}.$$

Soluzione 9.12. La soluzione del sistema è: $x = \dfrac{38}{38} = 1$, $y = \dfrac{76}{38} = 2$, $z = \dfrac{-114}{38} = -3$.

Bibliografia

[1] M. Aigner, G.M. Ziegler, *Proofs from THE BOOK*, Edizione italiana a cura di A. Quarteroni, Springer, Milano, 2006

[2] C. Canuto, A. Tabacco, *Analisi Matematica I: teoria ed esercizi con complementi in rete*, 2a ed., Springer, Milano, 2005

[3] G. Gilardi, *Analisi Uno*, McGraw-Hill, 2a ed., 1995

[4] C. Pagani, S. Salsa, *Analisi Matematica*, vol. 1, Masson, 1990

[5] L. Robbiano, *Algebra lineare per tutti*, Springer, Milano, 2007

[6] Unione Matematica Italiana, *Syllabus di Matematica*, 1999, reperibile alla pagina *http://umi.dm.unibo.it/italiano/Didattica/syllabus.pdf*

[7] M. Verri, M. Bramanti, *POLItest: il test di ingegneria al Politecnico di Milano*, Polipress, 2006

Collana Unitext - La Matematica per il 3+2

a cura di

F. Brezzi
P. Biscari
C. Ciliberto
A. Quarteroni
G. Rinaldi
W.J. Runggaldier

Volumi pubblicati

A. Bernasconi, B. Codenotti
Introduzione alla complessità computazionale
1998, X+260 pp. ISBN 88-470-0020-3

A. Bernasconi, B. Codenotti, G. Resta
Metodi matematici in complessità computazionale
1999, X+364 pp, ISBN 88-470-0060-2

E. Salinelli, F. Tomarelli
Modelli dinamici discreti
2002, XII+354 pp, ISBN 88-470-0187-0

S. Bosch
Algebra
2003, VIII+380 pp, ISBN 88-470-0221-4

S. Graffi, M. Degli Esposti
Fisica matematica discreta
2003, X+248 pp, ISBN 88-470-0212-5

S. Margarita, E. Salinelli
MultiMath - Matematica Multimediale per l'Università
2004, XX+270 pp, ISBN 88-470-0228-1

A. Quarteroni, R. Sacco, F. Saleri
Matematica numerica (2a Ed.)
2000, XIV+448 pp, ISBN 88-470-0077-7
2002, 2004 ristampa riveduta e corretta
(1a edizione 1998, ISBN 88-470-0010-6)

*A partire dal 2004, i volumi della serie sono contrassegnati da un
numero di identificazione. I volumi indicati in grigio si riferiscono
a edizioni non più in commercio*

13. A. Quarteroni, F. Saleri
    Introduzione al Calcolo Scientifico (2a Ed.)
    2004, X+262 pp, ISBN 88-470-0256-7
    (1a edizione 2002, ISBN 88-470-0149-8)

14. S. Salsa
    Equazioni a derivate parziali - Metodi, modelli e applicazioni
    2004, XII+426 pp, ISBN 88-470-0259-1

15. G. Riccardi
    Calcolo differenziale ed integrale
    2004, XII+314 pp, ISBN 88-470-0285-0

16. M. Impedovo
    Matematica generale con il calcolatore
    2005, X+526 pp, ISBN 88-470-0258-3

17. L. Formaggia, F. Saleri, A. Veneziani
    Applicazioni ed esercizi di modellistica numerica
    per problemi differenziali
    2005, VIII+396 pp, ISBN 88-470-0257-5

18. S. Salsa, G. Verzini
    Equazioni a derivate parziali - Complementi ed esercizi
    2005, VIII+406 pp, ISBN 88-470-0260-5
    2007, ristampa con modifiche

19. C. Canuto, A. Tabacco
    Analisi Matematica I (2a Ed.)
    2005, XII+448 pp, ISBN 88-470-0337-7
    (1a edizione, 2003, XII+376 pp, ISBN 88-470-0220-6)

20. F. Biagini, M. Campanino
    Elementi di Probabilità e Statistica
    2006, XII+236 pp, ISBN 88-470-0330-X

21. S. Leonesi, C. Toffalori
    Numeri e Crittografia
    2006, VIII+178 pp, ISBN 88-470-0331-8

22. A. Quarteroni, F. Saleri
    Introduzione al Calcolo Scientifico (3a Ed.)
    2006, X+306 pp, ISBN 88-470-0480-2

23. S. Leonesi, C. Toffalori
    Un invito all'Algebra
    2006, XVII+432 pp, ISBN 88-470-0313-X

24. W.M. Baldoni, C. Ciliberto, G.M. Piacentini Cattaneo
    Aritmetica, Crittografia e Codici
    2006, XVI+518 pp, ISBN 88-470-0455-1

25. A. Quarteroni
    Modellistica numerica per problemi differenziali (3a Ed.)
    2006, XIV+452 pp, ISBN 88-470-0493-4
    (1a edizione 2000, ISBN 88-470-0108-0)
    (2a edizione 2003, ISBN 88-470-0203-6)

26. M. Abate, F. Tovena
    Curve e superfici
    2006, XIV+394 pp, ISBN 88-470-0535-3

27. L. Giuzzi
    Codici correttori
    2006, XVI+402 pp, ISBN 88-470-0539-6

28. L. Robbiano
    Algebra lineare
    2007, XVI+210 pp, ISBN 88-470-0446-2

29. E. Rosazza Gianin, C. Sgarra
    Esercizi di finanza matematica
    2007, X+184 pp, ISBN 978-88-470-0610-2

30. A. Machì
    Gruppi - Una introduzione a idee e metodi della Teoria dei Gruppi
    2007, XII+349 pp, ISBN 978-88-470-0622-5

31. Y. Biollay, A. Chaabouni, J. Stubbe
    Matematica si parte!
    A cura di A. Quarteroni
    2007, XII+196 pp., ISBN 978-88-470-0675-1